원자력 발전과 온배수

원자력 발전과 온배수

― 그 현황과 대책 ―

김 영 환

전파과학사

머리말

　1978년 4월에 고리원자력 1호기가 상업운전을 시작하고 탈석유전원 정책 하에 원자력발전에 집중적인 투자가 이루어지면서 우리나라에서는 이른 바 원주화종(原主火從)의 시대가 열리게 되었다. 2002년 12월에 영광원자력 6호기가 준공됨에 따라 우리나라는 현재 18기의 원자력발전소가 운전 중에 있으며, 원전 설비용량은 국내 총 발전설비용량의 약 29.2%를 점유하게 되었고 원전 설비용량 기준으로 세계 6위의 원전 보유국가가 되었다. 총 발전량의 40% 이상을 차지하는 원자력발전은 바야흐로 우리나라의 주력 에너지로 자리매김하였다.
　이러한 중요성에도 불구하고 원자력발전이 방사능과 온배수라는 두 가지 중대한 환경문제를 안고 있음은 주지의 사실이다. 이 가운데 방사선 문제에 대해서는 원전의 설계 및 건설 단계에서부터 세밀한 배려를 하고 있을 뿐만 아니라, 혹시 일어날 지도 모르는 사고에 대비하여 다양한 방사선 재해대책과 비상계획을 마련하고 있다. 그러나 주변 해역으로 끊임없이 대량 방출되는 온배수 문제에 관하여는 무관심하다는 표현이 어울릴 정도로 대책을 찾아보기 어렵다.
　삼면이 바다로 둘러싸인 우리나라는 세계에서 그 유례를 찾기 어려울 정도로 다양한 해양생물을 식용자원으로 활용하여 왔으며, 지금도 우리나라 연안 곳곳에 가지가지 양식장과 어장이 형성되어 있다. 그런데 원전을 포함하여 연안에 세워진 발전소들에서 배출되는 온배수로 말미암아 바닷물의 수온이 상승하게 되면 많은 유용 수산자원의 생산이 저해를 받을 수 있다. 나아가서 열 에너지의 연속적인 첨가는 주변 해양생태계의 구조와 기능을 변모시켜 생태계의 안정성을 교란시킬 가능성도 있다.

그간 국내의 4개 원전 부지에서 배출되는 온배수와 관련하여 인근 주민들의 시위가 끊이지 않았고 수산업 피해와 관련하여 소송과 보상액 지급 등이 지루하게 반복되었다. 한편으로 1996년에 영광군수에 의해 영광원전 5·6호기의 건축허가가 취소되는 사태가 빚어진 것도 원전의 방사능 문제가 아니라 온배수 저감 대책이 미흡한 때문이었다. 원전의 온배수 문제와 이에 따른 마찰은 나아가서 원전 후속기 건설사업 추진에도 큰 장애 요인이 되고 있다고 하여도 지나침이 없다.

저자는 고리원전 1호기가 준공되기 1년 전인 1977년에 고리원전 주변 해양생태계 조사를 수행하면서부터 발전소 온배수와 인연을 맺게 되었다. 이후 다른 원전들의 건설에 앞선 부지환경조사뿐 아니라 국내 여러 화력발전소 주변의 해양생태계 조사에 참여하면서 우리나라의 발전소 온배수 문제는 외국의 경우와 달리 심각한 양상을 띠게 될 것이라 예견하였다. 외국에서는 우리처럼 다양한 해양생물을 식용으로 하지 않으며 우리와 달리 연안에 양식장과 어장이 조밀하게 들어서 있지 않으므로, 연안에 세워진 발전소에서 관류냉각방식으로 온배수를 방출하여도 크나큰 문제가 되고 있지 않다. 그러나 우리의 상황은 전혀 다르다.

이에 저자는 1983년에 작성한 기술현황분석보고서(원자력 발전에 수반되는 온배수의 방출이 주변 해양생태계에 미치는 영향연구)로부터 2000년에 발간한 책자(발전소 온배수와 해양생태계)에 이르기까지 다양한 보고서나 책자를 통하여 한결같이 온배수 문제의 심각성을 강조하고 적절한 대책 수립을 제안하여 왔다. 아울러 기회가 주어질 때마다 심포지엄이나 설명회에서 발전소 냉각계통의 변경, 온배수 배출기준의 제정, 온배수 이용방안 극대화 등을 일관되게 역설하였다. 그럼에도 불구하고 지난 20여 년간 저자의 주장에 귀를 기울이는 사람은 별로 없었고, 온배수 문제는 20세기가 지나 21세기에 접어들도록 해결의 기미를 보이기는커녕 오히려 문제가 심화되는 양상을 보이고 있다.

저자는 2001년 여름부터 1년간 원전 온배수 문제 종합대응방안을 수립하는 정책연구과제의 책임을 맡아 과제를 수행하였고, 2002년에는 원전 온배수와 관련하여 세 차례 특강을 요청 받았다. 그 가운데 특히 2002년 11월 중순에 열린 '원자력 안전 심포지엄 2002'에서 '원전 온배수 문제 종합 대응방안'이라는 주제로 초청 특강을 맡아 온배수와 관련한 문제점과 대책들을 나름대로 정리하였는데, 이러한 일련의 최근 활동들이 이 소책자를 발간하게 된 중요한 계기가 되었다.

2000년에 발간한 책자가 발전소 온배수가 해양생태계에 미치는 영향에 관하여 주로 학술적인 내용을 담고 있다면, 이번에 발간하는 이 소책자는 우리나라의 고유한 온배수 관련 문제점들을 짚어보고 바람직한 대책은 무엇인가를 제시하는 장으로 기획하였다.

원고를 마련함에 있어 발전소 온배수와 관련하여 복잡하

고 다양한 환경 문제를 전문가가 아닌 일반인도 이해할 수 있도록 나름대로 노력하였지만 전문용어의 선택과 내용의 전개에 있어서 한계를 느낄 수밖에 없었다. 당초의 의욕에 훨씬 못 미칠 정도로 미흡한 부분이 산재하여 있음을 인정하며, 이 점에 대하여는 강호제현의 질책을 달게 받을 각오가 되어 있음을 밝혀 둔다. 한편 지난 20여 년간 발전소 온배수 문제를 다루어 오면서 수집한 각종 자료와 정보를 바탕으로 저자의 생각을 정리해 보았지만, 혹시 이 책에 담긴 내용과 정보 가운데 잘못된 부분이 있거나 또는 미흡한 구석이 있을 때 이를 날카롭게 지적해 주고 친절하게 충고해 주기를 기대하는 바이다.

이 소책자의 원고를 마련함에 있어서 많은 분들의 도움을 받았기에 이 자리를 빌어 감사의 말씀을 드리고자 한다.

무엇보다도 저자와 함께 2001년 7월부터 1년간 정책연구과제를 수행하면서 귀중한 연구결과를 도출해 준 부경대학교의 허성회 교수님과 문창호 교수님 그리고 강릉대학교의 김형근 교수님께 감사 드리며, 정책연구과제 보고서의 상당 부분이 이 책을 마련하는데 큰 도움이 되었음을 밝힌다. 특히 김형근 교수님과 부경대학교의 최창근 박사는 이 책에 포함된 귀중한 사진을 제공하여 주었으며, 부경대학교의 손철현 교수님 그리고 한국해양연구원의 이순길 박사님과 박철원 박사님 역시 저술 작업에 많은 관심과 격려를 아끼지 않았다.

한편 한국수력원자력주식회사 안전기술처 환경팀과 4개 원전의 방재환경부 그리고 한국전력공사 전력연구원에 몸담고 있는 많은 분들은 이 책에 담긴 각종 귀중한 자료를 제공해 주셨는데, 일일이 이름을 열거하기 어려울 정도로 많은 관계자 여러분에게 충심으로 감사 드린다. 저자가 몸담고 있는 충북대학교 생명과학부 조류학연구실의 대학원생들은 저자가 집필 활동에 전념할 수 있게끔 성가시고 힘든 현장 채집과 실험실 분석 작업을 묵묵히 수행해 주었고, 특히 최상일 군, 안중관 군 그리고 유경동 군은 자료를 정리하고 그림을 제작하는 데 큰 도움을 주었다. 아울러 시종일관 저자에게 큰 힘이 되어준 가족에게 고마움을 표하며, 이 책의 출판을 흔쾌히 허락해 주신 전파과학사 손영일 사장님께 진심으로 감사 드린다.

    마지막으로 이 책자의 발간을 계기로 원전 온배수 문제의 심각성을 재인식하고 우리 사회 전반에 걸쳐 온배수 문제가 중요한 국가적 환경 문제라는 공감대가 형성되기를 기대하며, 연안 환경을 사랑하고 소중하게 여기는 분들에게 이 한 권의 책을 바친다.

2003년 3월
저자 씀

차 례

머리말 ·· 5

I. 원전 온배수 문제의 심각성 ··· 13

II. 원자력발전의 현황과 대안 검토 ································ 23
    1. 국내 원자력발전의 현황과 전망 ······························ 23
    2. 원전 이외의 대안은 있는가? ·································· 26

III. 온도 변화가 해양의 생물과 생태계에 미치는 영향 ············ 37
    1. 온도 변화가 해양생물에 미치는 영향 ····················· 37
    2. 수온의 상승이 해양생태계에 미치는 영향 ·············· 50

IV. 원전 온배수 문제의 현황 분석 ································· 53
    1. 지구온난화에 따른 해수 온도의 상승과 온배수 ······· 53
    2. 냉각계통의 문제점 ·· 60
    3. 원전이 모두 연안에 위치하고 있다 ························ 61
    4. 원전 온배수 배출기준이 없다 ································· 64
    5. 온배수 문제에 대한 국가적 대책 미흡 ··················· 65
    6. 원전 온배수 이용방안 미흡 ···································· 66
    7. 온배수 영향 조사기관의 신뢰성 ······························ 71
    8. 기타 문제점 ··· 75

Ⅴ. 원전 온배수 문제 해결을 위한 대책 ·················· 77
   1. 원전 주변 해양환경 및 피해 조사방법의 표준화 ·············· 77
   2. 원전 온배수 배출기준의 제정 ································ 84
   3. 발전소 냉각계통의 변경 ····································· 89
   4. 온배수 이용방안 극대화 ····································· 98
   5. 온배수 전문 조사기관 설립 ································· 105
   6. 정부내 온배수위원회 설치 ·································· 111
   7. 온배수연구회 설립 ··· 113

Ⅵ. 맺는말 ·· 117

참고 자료 ··· 121
부록 1. 한국수력원자력주식회사에서 2002년 1월에 자체 제정
     한 원자력발전소 주변 환경조사지침 ······················ 125
부록 2. 온배수연구회 소개 ······································· 129
찾아보기 ·· 140

I. 원전 온배수 문제의 심각성

　기름 한 방울 나지 않고 부존자원이 절대적으로 빈약하면서도 다른 한편으로 경제성장률을 훨씬 상회하는 전력소비 증가율에 직면하고 있는 우리나라에서는 두 차례의 석유 파동을 겪고 난 이후 본격적으로 탈석유전원 정책이 추진되어 원자력 발전이 주력 발전원으로 자리매김하였다.

　1978년 4월에 고리원자력 1호기가 최초로 상업운전을 개시한 이래 우리나라의 원전사업은 눈부신 성장을 거듭하였다. 2002년 12월에 영광원자력 6호기가 준공됨에 따라 우리나라는 현재 고리, 영광, 월성, 울진 4곳의 원전단지에서 총 18기의 원자력발전소가 운전 중에 있으며, 원전 설비용량은 총 1,572만 kW로 국내 총 발전설비용량(5,380만 kW)의 약 29.2%를 점유하게 되었고 원전 설비용량 기준으로 세계 6위의 원전 보유국가가 되었다.

　원자력은 저렴한 핵연료를 이용하여 대량 발전을 할 수 있는 기술집약형 에너지원이며, 석유와 석탄 등 발전연료의 수입대체 효과가 크기 때문에 각광을 받고 있다. 특히 최근 들어 화석 연료의 사용에 따른 지구온난화가 국제적으로 심각한 문제로 대두되고 있고 석탄이나 석유를 이용하는 화력발전이 국내 이산화탄소 배출량의 20% 가량을 차지하고 있음을 고려해 볼 때, 향후 국내 발전전력량에 있어서 원자력발전의 비중이 더욱 제고될 전망이다.

그러나 원전사업은 국가적 중요성에도 불구하고 극복해야 할 과제가 있는 것도 주지의 사실이다.

먼저 원자력발전소는 우라늄을 연료로 하여 핵분열 연쇄 반응에서 생기는 막대한 에너지를 이용하여 전기를 생산하는 곳으로 원자력발전소의 안전성이 사회의 주목을 받고 있는 것은 방사선이 나오기 때문이다. 게다가 1979년에 미국의 Three Mile Island (TMI) 원자력발전소와 1986년에 구 소련 Ukrainian 지방의 Chernobyl 원자력발전소에서 일어난 일련의 사고는 원전사업의 악재로 등장하기에 충분하였다. 이러한 사고들은 일부 국민들 사이에 원자력발전에 대한 불안감을 증폭시키는 계기가 되었고, 특히 원전 해당 지역 주민들이 부정적인 태도를 보임으로써 신규 원전이나 방사성 폐기물 처분 장소의 확보가 어려운 실정에 놓여 있다.

원자력발전소의 가동이 주변 환경에 미치는 또 다른 문제는 바로 온배수 문제이다. 원자력발전소에서는 화력발전소와 마찬가지로 발전에 사용된 증기를 물로 응축시켜 재사용하기 위하여 다량의 냉각수를 필요로 하고, 이 과정에서 온도가 상승된 물이 주변으로 방출된다. 이렇게 자연수온보다 높은 온도를 지니면서 주변의 바다로 배출되는 냉각수를 온배수(溫排水, thermal effluents 또는 thermal discharges)라 부른다 (그림 1). 그런데 원자력발전은 화력발전에 비하여 열효율이

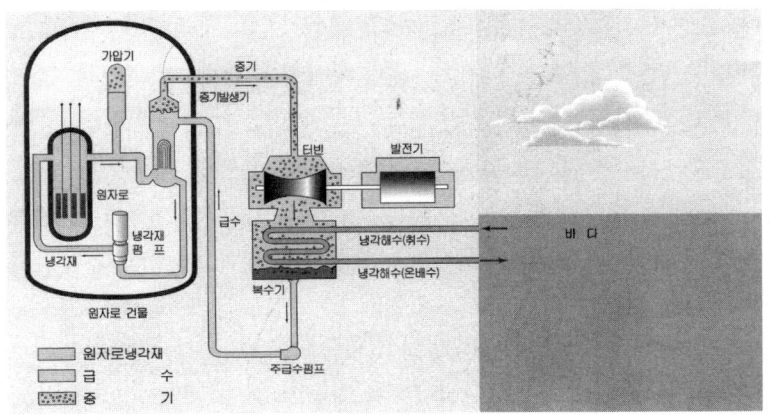

그림 1. 원자력발전소의 온배수 순환도.

낮아서 더욱 많은 양의 온배수를 주변에 방출하게 된다. 온배수가 확산되는 해역에서는 자연 해수보다 높은 수온 때문에 각종 해양생물의 분포와 생장이 영향을 받을 수 있다.

이와 같이 원전이 안고 있는 두 가지 중요한 환경문제인 방사선과 온배수에 대하여 우리나라의 정부와 전력회사가 대처하는 노력과 조치를 비교해 보도록 하자.

먼저 정부와 전력회사는 원자력발전소의 안전 문제가 궁극적으로 방사선에 대한 안전이라 간주하고 원전의 설계 및 건설 단계에서부터 이에 대한 세밀한 배려를 하고 있다. 국제방사선방호위원회(ICRP)의 선량제한 권고를 바탕으로 우리나라 실정에 맞는 방사선 안전관리 기준을 작성하고 이를 원자력법 및 관련 규정에 명시하여 준수하고 있다(산업자원부·한국수력원자력주식회사, 2002).

한편으로는 혹시 일어날 지도 모르는 사고에 대비하여 국가 차원에서 방사선 재해대책을 수립하고 전력회사에서도 자체 방사선 비상계획을 마련하고 있다. 이를테면 방사능 방재 훈련은 정부(중앙 및 지방), 전력회사 및 관련 방재기관이 공동으로 참여하는 합동훈련 그리고 전력회사 자체훈련인 전체훈련과 분기훈련으로 나누고 있다. 합동훈련은 부지별로 3년에 1회, 전체훈련은 발전소별로 매년 그리고 분기훈련은 발전소별로 분기 1회씩 실시하고 있다(산업자원부·한국수력원자력주식회사, 2002).

반면 엄청난 양으로 주변 해역에 쉬지 않고 방출되는 온배수에 대하여는 어떠한가? 온배수에 관한 한 수수방관한다는 표현이 어울릴 정도로 정부의 대책을 찾아보기 어렵다.

1996년에 원자력법 및 시행령이 개정되면서 원전 주변 환경평가를 일반 환경과 방사선 환경 측면으로 이원화함에 따라 과학기술부는 이제 방사능 이외에는 관심이 없는 듯 하다. 원전의 일반 환경을 담당하게 된 산업자원부(당시 통상산업부)는 원전 주변 환경조사 지침(산업자원부 고시 제1996-330호, 1996. 6. 27.)을 제정 고시하였다가 그나마 2001년 12월 31일에 환경조사 지침을 폐지 고시하였다. 한편 해양수산부나 환경부의 산하 위원회에도 온배수 문제를 집중적으로 다룰 수 있는 위원회가 없는 실정이다. 규제 기준 역시 환경부의 수질환경보전법 시행규칙 가운데 오염물질의 배출허용 기준에서 배출수의 온도를 단순히 40℃로만 규정하였을 따름이다.

결론적으로 원전의 중요한 환경문제인 방사선과 온배수에 대한 정부와 전력회사의 대책을 비교해 볼 때, 방사선에 대한 대응책은 완벽에 가깝다고 볼 수 있으나 안타깝게도 온배수 문제에 대한 관심과 대책이 매우 미흡하다고 판단된다. 그 사례로 원전 주변 주민들을 대상으로 한 설명회나 원전 환경 워크숍은 처음부터 한동안 환경방사능 위주로만 운영되어 왔으며, 매년 발간되는 원자력발전백서에서도 온배수 분야는 불과 4~5쪽에 걸쳐 홍보성 자료들 위주로 수록되어 있을 따름이다.

원자력발전소가 심층방어 개념과 안전설계 기준을 적용하여 안전하게 건설되고 정해진 규정과 절차에 따라 엄격하게 운영 관리되는 한, 방사선 사고가 발생할 가능성은 거의 없을 것이다. 그러나 우리나라의 경우 현 상황에서 정상적으로도 엄청난 양의 온배수가 발전소에서 끊임없이 배출되고 있고, 온배수가 지닌 열에너지는 발전소 주변 해역의 수산업과 해양생태계에 다양한 측면에서 영향을 미칠 수 있다. 따라서 원자력발전소에서 배출되는 온배수 문제는 정부와 전력회사의 예상이나 기대와는 달리 심각한 환경문제가 될 수 있다.

그간 국내의 4개 원전 부지에서 배출되는 온배수와 관련하여 인근 주민들의 작고 큰 집단 행동, 피해 보상 소송과 보상액 지급 등이 지루하게 반복되었음은 주지의 사실이다. 원자력발전백서에 수록된 집계에 따르면 1991년부터 2001년까지 원전 가동과 관련한 민원은 총 103건에 달하였는데, 그 가운데 온배수와 관련한 민원이 주류를 이루고 있다(산업자원부·한국수력원자력주식회사, 2002).

이를테면 1990년부터 전북 고창군과 전남 영광군 어민들이 영광원전에서 배출되는 온배수로 인하여 김 양식장 등에서 어업 피해가 발생하고 있다며 이에 대한 보상을 요구하였다. 이에 따라 한전은 어민들과 협의하여 여수수산대학에 피해조사를 의뢰, 그 결과에 따라 보상하기로 합의하고 1993년 11월부터 1995년 5월까지 시행한 조사결과를 토대로 1995년에 391억원을 보상금으로 지급하기로 어민들과 합의하였으며, 1996년에 보상금 지급을 완료하였다.

그러나 보상에서 제외된 어민들이 피해 보상을 요구하는 민원이 계속됨에 따라 4개 호기가 가동되는 시점에서 피해 상황을 실제 조사하여 결과에 따라 보상하기로 하고 1996년 10월부터 군산대학교와 한국해양연구소에서 1998년 7월까지 조사를 완료하였으며, 이 결과를 토대로 1998년 12월부터 약 247억원의 보상금을 지급하였다.

한편 영광 5·6호기 건설과 함께 온배수 영향을 근본적으로 저감시킬 수 있는 방류제를 건설하였는데, 방류제 건설과 영광 5·6호기 운영으로 인한 온배수 영향 여부에 대하여 영광군과 고창군 해역의 광역 해양조사가 2001년부터 조사되었다. 그렇지만 이 조사의 중간 결과를 두고 어민들과 전력회사 그리고 심지어는 학계에 이르기까지 다양한 계층이 심각한 몸살을 앓고 있는 상황이다.

어장과 수산업에 미치는 피해의 규모와 정도가 다르기는 하지만 이와 유사한 사례가 비단 영광원전뿐만 아니라 동해안의 고리, 월성 및 울진원전 주변 모두에서 끊임없이 제기되고 있다. 실제로 원자력발전소가 자리잡고 있는 지역을 지나다보면 원전 건설을 반대하는 현수막을 심심찮게 볼 수 있다(그림 2). 따라서 원자력발전소의 방사능 문제가 비현실적인 불안감에서 비롯된 거부 반응으로 나타나고 있는 반면, 원전의 온배수 문제는 실제로 민원이 다양하게 제기되어 장기간에 걸친 조사가 이루어지고 많은 액수의 보상금이 지급되는 현실적인 문제로 대두되고 있는 실정이다.

그림 2. 고리원자력발전소 인근 월내리 거리에 걸린 원전 건설을 반대한다는 내용의 현수막.

　한편 이와는 별도로 1996년에 영광군수에 의해 영광원전 5·6호기의 건축허가가 취소되는 전대미문의 사태가 빚어졌는데, 이는 원전의 방사능 문제가 아니라 온배수 저감 대책이 미흡한 때문이었다는 사실에 주목할 필요가 있다.
　즉 전라남도 영광군은 1996년 1월 22일에 영광원전 5·6호기의 건축 사업을 허가한 후 지역 주민과 반핵단체 구성원 등으로부터 집단 항의를 받자 1월 30일 건축허가 취소처분을 하였다. 이 사태는 오로지 원전 온배수의 저감대책이 마련되지 않았기 때문에 어장 피해발생이 불가피하다는 판단에서 내려진 것이었다. 이후 각계의 논란이 거듭되고 급기야 7월에 감사원이 건축법상 취소할 수 있는 사유가 없다는 결론을 내린 다음, 9월에 접어들어 영광군이 감사원의 결정을 수용하면서 사태는 일단락되었다. 이 파문은 지방자치단체가 국책사업을 거부한 첫 사례로 기록된다.

지방자치가 정착되어 각 지방자치단체에 상당한 권한이 부여되었을 뿐만 아니라 주민들의 투표로 선출되는 단체장이 주민들의 요구를 무시할 수 없는 상황에서 장차 영광원전 5·6호기 건축허가 취소처분과 같은 사태가 다시 일어나지 않는다는 보장이 없다. 더구나 2003년에 출범하는 새 정부는 획기적인 지방분권 추진을 국정과제로 삼고 있는 만큼, 지방자치단체의 판단 여하에 따라서는 원전의 건설과 같은 국책사업의 추진이 순조롭게 진행되지 않을 가능성도 있다.

그렇다고 해서 원전 온배수 문제가 수산업 피해에 따른 원전 지역주민의 민원과 집단행동만으로 귀결되는 것은 결코 아니다. 온배수가 유입되는 해역 부근에서 상업적 가치가 있는 몇 가지 종류의 수산생물 생산량이 변화하는 것도 물론 중요하겠지만, 당장 가시적으로 표출되지는 않더라도 온배수에 의한 영향으로 말미암아 장기적으로 주변 해양생태계가 변모될 수 있음을 간과해서는 안된다.

즉 발전소에서 온배수가 방출되어 주변 해역으로 열 에너지가 연속적으로 첨가되면 주변에 생육하는 각종 해양생물의 출현종이 변화하고 각 종의 생물량이 변화하고 있는 사례가 전세계적으로 나타나고 있음을 본다(김, 2000a). 이는 나아가서 해양생물군집의 구성양식을 변모시키고 해양생태계의 미묘한 균형을 깨뜨림으로써 종국에 가서는 생태계의 안정성이 교란 받을 가능성을 배제할 수 없다.

더구나 최근 국제적으로 지구온난화(global warming)와 그에 따른 해수 온도의 상승이 심각한 문제로 대두되고 있고,

우리나라도 결코 예외는 아니어서 한반도 주변 해역에서 온난화 징후가 나타나고 있는 실정이다. 이렇게 자연적으로도 수온이 올라가는 상황에 원전의 온배수 방출에 따라 인위적으로 그 상승폭이 증가하게 되면 예측하기 어려운 결과를 초래할 수도 있다. 바로 이러한 점이 온배수 문제의 본질인 것이다.

따라서 국책사업인 원전사업의 추진에 크나큰 걸림돌이 되고 경우에 따라서는 심각한 결과를 초래할 수 있는 온배수 문제를 슬기롭게 풀어나갈 과제가 우리 앞에 놓여 있다. 급증하는 전력 수요에 대비하여 안정적으로 전력을 공급하는 한편, 원전 주변의 수산업을 보호하고 나아가서는 우리의 소중한 해양생태계를 보전할 수 있도록 합리적인 방안을 강구하는 데 우리의 지혜를 모아야 할 것이다.

이와 같은 맥락에서 이 책에서는 먼저 국내 원자력발전의 현황과 대안을 검토해 보고 수온의 상승이 왜 문제가 되는 지를 살펴 본 다음, 원전 온배수 문제의 현황을 두루 점검하여 바람직한 대책을 제시하고자 한다.

II. 원자력발전의 현황과 대안 검토

1. 국내 원자력발전의 현황과 전망

　1970년대 이후 우리 사회의 생활 수준이 향상되고 특히 산업이 급속도로 발전하면서 편리한 에너지인 전기에너지를 엄청나게 요구하게 되었다. 에너지 및 전력 사용량은 선진국의 경우 대체로 3% 이내에서 안정화되어 있으나, 우리나라에서는 높은 경제성장률로 인하여 매우 높은 수준을 계속 유지하고 있다. 21세기 초반의 우리나라 1인당 1차 에너지 소비량은 1980년과 비교하여 3배를 넘고 있으며, 1인당 전력 소비량도 5배 가까이 증가하였다.
　이와 같이 연평균 10% 이상의 증가 추세를 보이고 있는 전력 수요를 충당하기 위하여 필연적으로 우리나라의 발전설비와 발전전력량은 해마다 증가하여 왔으며, 20세기 후반부터 연안 곳곳에 대용량 화력발전소나 원자력발전소의 건설이 추진되었다.
　우리나라 전력생산의 역사를 돌이켜 볼 때, 1978년 4월에 고리원자력 1호기가 준공되고 탈석유전원 정책 하에 원자력발전에 집중적인 투자가 이루어지면서 이른바 '원주화종(原主火從)'의 시대가 열리게 되었다. 2002년 5월에 영광원자력 5호기가 준공되고 이어서 12월에 6호기가 상업운전을 시작함에 따라 국내의 운전 중인 원전은 2002년 12월 현재 총 18기 그리고 원전의 설비용량은 1,571.6만 kW가 되었다(표 1). 국내 총 발전설비용량(5,380만 kW)의 약 29% 그리고 총 발전량의 40% 이상을 차지하는 원자력발전은 바야흐로 우리나라의 주력 에너지로 자리매김하였다.

표 1. 우리나라의 가동 중인 원자력발전소 현황

호기	위치	용량(MW)	원자로형	상업운전일
고리 #1	부산시 기장군	587	가압 경수로	1978. 4.
고리 #2		650		1983. 7.
고리 #3		950		1985. 9.
고리 #4		950		1986. 4.
월성 #1	경북 경주시	679	가압 중수로	1983. 4.
월성 #2		700		1997. 6.
월성 #3		700		1998. 7.
월성 #4		700		1999. 10
영광 #1	전남 영광군	950	가압 경수로	1986. 8.
영광 #2		950		1987. 6.
영광 #3		1,000		1995. 3.
영광 #4		1,000		1996. 1.
영광 #5		1,000		2002. 5.
영광 #6		1,000		2002. 12.
울진 #1	경북 울진군	950	가압 경수로	1988. 9.
울진 #2		950		1989. 9.
울진 #3		1,000		1998. 8.
울진 #4		1,000		2000. 2.

원자력은 저렴한 핵연료를 이용하여 대량 발전을 할 수 있는 기술집약형 에너지원이며, 석유와 석탄 등 발전연료의 수입대체 효과가 크기 때문에 각광을 받고 있다. 물론 방사능 문제에 대한 거부감이 있기는 하지만, 경비와 장기적 연료 전략 차원에서 그리고 특히 최근 들어 지구온난화 방지를 위하여 국제적으로 화석 연료(fossil fuel)의 사용이 제한되고 있는 실정에서 이를 대체할 수 있는 가장 효과적인 에너지로서 우리나라는 물론 세계의 많은 나라에서 원자력발전소의 건설과 가동이 계속 증가 추세를 보일 것으로 전망된다.

참고삼아 우리나라의 원자력발전 설비계획에 따르면 기존 18기의 원전 외에 2기(울진 #5,6호기)가 건설 중이고, 6기(신고리 #1,2,3,4 및 신월성 #1,2)가 건설 준비중이며, 계획 중인 신형원자로 2기를 합치면 2015년까지 도합 28기의 27,316 MW의 용량을 갖추게 된다(표 2).

표 2. 우리나라의 원자력발전 설비계획

구분	구성비(%)	발전소명	기수	용량(MW)	착공예정	준공예정	비고
가동중	57.53	고리, 영광, 울진, 월성	18기	15,716	-	-	
건설중	7.32	울진	2기	2,000	1996. 1.	2005. 6.	울진 #5, 6
건설준비중	24.89	신고리, 신월성	4기, 2기	6,800	2003. 8. 2004. 4.	2011. 9. 2010. 9.	신고리 #1, 2, 3, 4 신월성 #1, 2
계획중	10.26	-	2기	2,800	-	-	신형원자로 #3, 4 (장소미정)
합계	100	-	28기	27,316	-	-	2015년까지

2. 원전 이외의 대안은 있는가?

기름 한 방울 나지 않는 우리나라는 석유와 석탄 또는 천연가스와 같은 에너지원의 대부분을 해외에서 수입하고 있다. 특히 필수 에너지이자 편리한 에너지인 전기의 소비가 해마다 급증하고 있어 발전 설비를 계속 늘려가고 있는 실정이다.

최근 수년간 우리나라의 발전 설비는 계속 증가하여 2001년에 국내 총 발전설비용량이 5천만 kW를 초과하였으며 (그림 3), 발전량 역시 해마다 증가하고 있는 추세이다(그림 4). 더구나 두 차례의 석유 파동을 겪고 난 이후 우리나라는 본격적으로 탈석유전원 정책을 추진하여 원자력발전이 주력 발전원으로 자리매김하였다. 그림 3과 그림 4에 보인 바와 같이 원자력발전은 최근 국내 총 발전설비용량의 30% 가량 그리고 총 발전량의 40% 이상을 차지하고 있다.

그럼에도 불구하고 원자력발전소나 방사성 폐기물 처분장의 건설은 원자력에 대한 부정적인 이미지와 불안감 그리고 온배수로 인한 수산업 피해 등으로 인하여 그간 지역 주민과 환경단체들로부터 강력한 반대 투쟁에 직면하였다. 환경단체들은 '핵발전은 핵무기와 쌍둥이'라는 캐치프레이즈를 내걸고 '핵으로부터 자유로운 세상을 만들기 위해 투쟁한다'라고 주장하고 있다. 아울러 원전의 추가 건설이 없어도 전력 공급에 문제가 없다면서 태양열 에너지나 풍력 발전과 같은 대체 에너지의 도입을 대안으로 제시하고 있다.

그렇다면 현 시점에서 과연 원자력발전 이외의 대안이 있

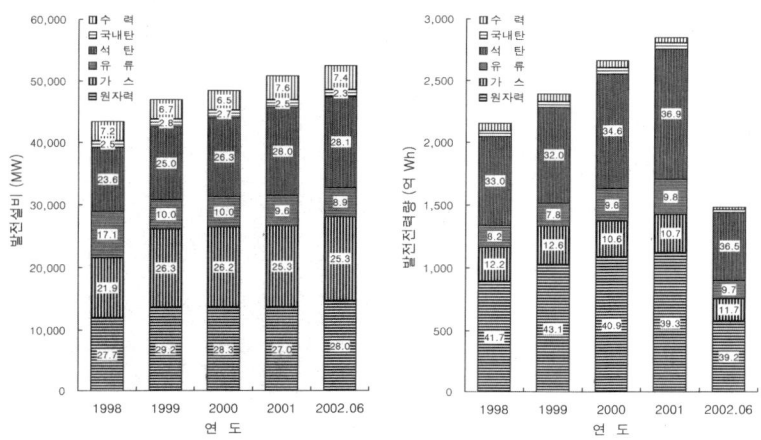

그림 3. 최근 우리나라의 에너지원별 발전설비 추이. (자료 : 한국전력공사)　그림 4. 최근 우리나라의 에너지원별 발전전력량 추이. (자료 : 한국전력공사)

는 지 발전방식별로 그 현황과 전망을 간략하게 살펴보기로 한다.

가. 수력 및 양수발전

먼저 수력발전(水力發電)은 강이나 호수 또는 하구를 막아 댐을 만들고 물이 갖는 위치 에너지를 터빈(수차)을 통해 기계 에너지로 변환한 다음, 다시 자기 에너지의 도움을 빌어서 전기 에너지를 얻는 방식이다. 그러나 우리나라의 경우 일반 수력은 건설에 적합한 입지가 거의 고갈되었고, 사용 가능한 수자원에도 한계가 있어 시설 용량 3,000 kW 이하의 소수력(小水力)을 제외하고는 더 이상의 개발이 어려운 실정이다.

이에 비하여 양수발전(揚水發電)은 대용량의 기저부하 발

II. 원자력발전의 현황과 대안 검토　27

전소에서 발전한 심야의 잉여 전력을 이용하여 양수 및 발전을 하는 일종의 에너지 보존 발전방식이다. 심야의 값싼 전력을 이용함으로써 경제성이 양호할 뿐만 아니라 설비의 대용량화가 가능하며, 건설 단가도 비교적 저렴하고 일반 수력에 비하여 수몰면적이 작은 첨두부하용 발전 방식이라 할 수 있다.

2002년 6월 현재 우리나라의 수력 및 양수발전은 발전설비량 3,876 MW로 국내 총 발전설비용량의 약 7.4%를 점유하고 있지만(그림 3), 발전량은 국내 총 발전량의 3% 미만에 불과한 실정이다(그림 4). 현재 양양 양수, 청송 양수 및 예천 양수발전소가 건설되고 있거나 사업 추진 중에 있고, 양양 양수 및 청송 양수가 준공되는 2006년에는 양수발전의 설비용량 점유율이 6.1%로 확대될 전망이다.

이토록 양수발전이 원자력발전이나 대용량 화력발전의 가동률과 효율을 향상시키는 첨두부하용 발전방식이라고는 하지만, 그 전망이 밝다고 보기는 어려운 실정이다. 이를테면 강원도 인제군 기린면과 양양군 서면에 걸쳐 있는 양양 양수발전소는 위치적 특성으로 인하여 사업 초기부터 환경단체의 거센 건설반대 운동과 행정소송 등으로 공사 착수가 지연되었으며, 전원개발사업 실시계획 승인 시에도 해양수산부가 연어 보호 대책 수립을 요구하며 동의하지 않아 하부댐에 어도(魚道)를 설치하는 조건으로 전특 승인을 받는 등 많은 어려움이 따랐다.

나. 화력발전

다른 중요한 발전 방식으로는 화력발전(thermal

generation)을 들 수 있는데, 이는 물을 고온 고압의 조건에서 증기로 바꾸고 이 증기가 갖는 에너지로 증기 터빈 발전기를 회전시켜서 전기를 발생시키는 것이다. 특히 이 방식은 발전하는데 증기 터빈이라는 원동기를 사용하므로 기력발전(汽力發電, steam generation)이라고 부르기도 한다.

우리나라의 화력발전은 무연탄(국내탄), 유연탄(bituminous coal), 중유(heavy oil), 경유(diesel oil) 및 가스를 사용 연료로 하고 있다. 2002년 6월 현재 우리나라의 화력발전은 발전설비량 33,907 MW로 국내 총 발전설비용량의 약 2/3를 점유하고(그림 3), 발전량 역시 국내 총 발전량의 절반을 훨씬 넘는 가장 중요한 발전방식임에 틀림없다(그림 4). 2000년 1월에 수립된 제5차 장기 전력수급계획에 따르면 2015년까지 석탄화력 1,280만 kW, 국내탄 화력 40만 kW, 석유화력 530만 kW, LNG 가스화력 725만 kW를 건설할 예정으로 있다(대한전기협회, 2002).

그런데 석유와 석탄 또는 가스와 같은 화석연료를 연소하게 되면 다량의 이산화탄소(CO_2), 질소산화물(NO_x) 및 황산화물(SO_x) 등이 대기 중으로 방출된다. 이들 가스들은 성층권의 오존층을 파괴하여 지상에 도달하는 자외선의 양을 증가시키며, 지구 열 수지의 평형을 상승시켜 온실 효과 또는 지구온난화를 유발하며, 나아가서는 대기 중의 수증기와 반응하여 산성비(acid rain)를 만드는 주된 원인으로 알려져 있다. 이와 같은 오존층 파괴, 지구온난화 및 산성비는 지구환경을 파괴함으로써 궁극적으로 인류의 생존이 위협받게 된다는 점이 심각한 문제점으로 지적된다.

20세기말 국제 사회는 기후 변화의 심각성을 깊이 인식하게 되었다. 오존층 파괴물질의 사용을 규제하며 온실 가스의 배출을 감축하자는 노력이 전세계적으로 활발하게 전개되고 있다. 이를테면 1990년 12월 기후변화협약 제정을 위한 정부간 협상위원회(INC)가 설치되었고, 1992년 6월 브라질에서 열린 리우환경회의에서 이산화탄소 등 온실 가스 증가에 따른 지구온난화에 대처하기 위해 '기후변화협약'이 채택되었다. 이 협약은 1994년 3월에 공식적으로 발효되었으며, 우리나라는 1993년 12월 협약에 가입하였다.

기후변화협약의 실천을 위해 1997년 12월에 일본 교토에서 열린 제3차 당사국총회에서는 법적 구속력이 있는 교토의정서를 채택하고, 38개 선진국들은 제1차 공약기간(2008~2012년) 동안에 온실 가스 배출량을 1990년 대비 평균 5.2%를 감축하는 배출량 규제안에 합의하였다. 한편 온실 가스 배출량을 줄이기 위한 새로운 의무이행수단으로 선진국의 감축목표 달성에 유연성을 부여하기 위한 목적의 공동이행, 배출권거래제, 청정개발체제 등을 담은 교토 메카니즘(Kyoto Mechanism)을 도입하였다.

우리나라의 이산화탄소 배출량을 살펴보면 지난 1980~1990년대에 연평균 7% 이상의 높은 증가를 지속하였으며, 1인당 이산화탄소 배출량은 1990년의 5.42톤에서 1997년에는 9.20톤으로 불과 7년 사이에 약 1.7배 증가하였다(통계청, 2001). 전세계적으로 1인당 이산화탄소 배출량이 1990년에 4.07톤에서 1997년에는 3.99톤으로 오히려 마이너스 성장을 기록하고 있음을 감안해 볼 때, 우리나라의 이산화탄소 배출량 증가는 그 유례를 찾기 어려운 실정이다.

부문별 이산화탄소 배출량은 승용차의 증가에 따른 수송

표 3. 1990년대 우리나라의 이산화탄소 배출량과 발전소가 차지하는 비율의 변동

(단위 : 1,000톤)

연도 구분	1991	1992	1993	1994	1995	1996	1997	1998
계	285,850	312,116	344,574	373,613	405,805	444,092	470,502	404,342
발전소	44,320 (15.5%)	51,943 (16.6%)	58,834 (17.1%)	73,048 (19.6%)	82,128 (20.2%)	97,538 (22.0%)	106,095 (22.5%)	92,699 (22.9%)

(자료 : 환경부, 2000)

부문의 증가가 두드러졌으나, 발전소에서 배출되는 이산화탄소의 증가도 현저하게 나타났다. 즉 표 3에 보인 바와 같이 우리나라의 이산화탄소 배출량 가운데 발전소가 차지하는 비율은 1990년대 초반의 15% 내외에서 1990년대 중반에 20%를 초과하였으며, 점차 그 비율이 증가하는 추세를 보이고 있다(환경부, 2000).

그런데 석탄, 석유 또는 가스와 같은 화석연료를 이용하는 화력발전은 산성비의 원인이 되는 황산화물이나 질소산화물은 물론 기후변화협약을 통하여 전세계적으로 감축하고자 추진하고 있는 이산화탄소를 대량 방출하게 된다. 화력발전의 발전원별로 비교해 볼 때, 대기오염 가스는 표 4에 보인 바와 같이 석탄과 석유를 이용하는 화력발전소에서 가스를 이용하는 발전소의 경우보다 더욱 많은 양이 배출되고 있다.

20세기가 끝날 무렵 우리나라는 이미 이산화탄소 배출량에 있어 세계 10위 국가가 되었고, 이런 추세가 지속된다면 2010년에는 배출량에 있어서 세계 7위 그리고 OECD 국가 중 4위가 될 전망이다.

물론 우리나라는 다른 개발도상국처럼 교토의정서에 따른

표 4. 화력발전의 발전원별 대기오염가스 배출량

(단위 : 톤)

구분 발전원	황산화물	질소산화물	먼지	이산화탄소
석탄발전소	5,900	9,000	700	600만
석유발전소	5,700	8,500	100	500만
가스복합발전소	30	6,000	10	330만

*1,000 MWe 발전소 1기를 1년간 운영할 때 발생하는 오염물질 배출량(자료 : 오근배, 2002)

의무부담국가에 포함되지는 않았다. 그런데 1999년 11월 기후변화협약 제5차 당사국총회에서 개도국인 아르헨티나가 자발적으로 제1차 공약기간인 2012년까지 온실 가스 배출전망치(BAU) 대비 2~10%를 감축하겠다는 의무부담 참여를 선언한 바 있다. 그러므로 우리나라는 제1차 공약기간에는 감축의무 부담이 없지만, 선진국들에 의해 제2차 공약기간에는 구속력 있는 감축목표치 설정을 요구받고 있는 실정이다.

    이와 같은 국제적 추세를 감안해 볼 때, 그간 우리나라 전력발전에서 중요한 몫을 차지해 온 화력발전의 비중이 21세기에 더욱 증대되기는 어려울 것으로 예상된다. 특히 가스화력에 비하여 상대적으로 많은 양의 이산화탄소를 배출하는 석탄화력이나 석유화력의 증설은 앞으로 많은 난관에 봉착할 것으로 보인다.

다. 대체 에너지

    원자력발전소의 건설에 반대하는 환경단체 등에서는 그 대안으로서 새로운 대체 에너지 또는 재생 가능한 에너지의 도입을 요구하고 있다. 그렇다면 현 시점에서 재생 가능한 에너지 개발의 현황과 전망은 어떠한 지 간략하게 살펴보기로 한다.

우리나라에서는 1989년 대체 에너지 기술개발 촉진법이 발효되면서 그 용어를 정의하였다. 즉 대체 에너지란 석유, 석탄, 원자력 또는 천연가스가 아닌 에너지로 태양 에너지, 바이오, 풍력, 소수력, 연료전지, 석탄 액화 및 가스화, 해양 에너지 및 폐기물과 석탄 외 물질을 혼합한 유동화 연료, 수소 에너지 등 10여 가지 재생 및 신 에너지원으로 구분된다.

선진국에서의 대체 에너지 개발은 새로운 에너지 활용이라는 면보다 지구 환경문제에 대응할 수 있는 에너지원으로 화석 에너지원을 능가하는 주 에너지원으로 보급할 수 있을 것이라는 판단 아래 개발 보급이 추진되고 있다. 1998년 현재 주요 선진국의 대체 에너지 보급 현황을 살펴보면 덴마크가 8.5%, 프랑스가 6.6%, 미국이 5.2%, 일본이 3.6%의 공급률을 보이고 있다(대한전기협회, 2002).

국내 대체 에너지 개발은 1970년대에 석유 파동을 겪은 다음부터 그 인식이 싹트기 시작하였다. 1988년 '대체 에너지 이용기술 촉진법'이 제정되고 단계적인 보급 및 개발이 추진되어 태양열, 태양광 등 11개 분야 기술개발과 함께 태양열 온수기를 중심으로 본격적인 보급도 시작되었다.

특히 1990년대에 국제적으로 환경 규제 움직임이 가시화 되면서 대체 에너지 개발의 중요성이 새삼 강조되었고, 1997년 대체 에너지 관련 법령을 '대체 에너지 개발 및 이용보급 촉진법'으로 개정하였다. 이와 함께 2006년까지 기술 실용화를 통하여 대체 에너지원이 총 에너지원의 2%를 차지할 수 있도록 기술

개발 및 보급에 노력을 기울이고 있다.

이와 같은 노력에 따라 1990년대에 우리나라의 대체 에너지 이용 보급량은 연평균 20% 이상의 높은 증가율을 보였으며(그림 5), 2000년의 경우 대체 에너지 이용량은 총 2,131 TOE 로서 총 에너지 수요 192,626 TOE 중 약 1.1%를 차지하였다.

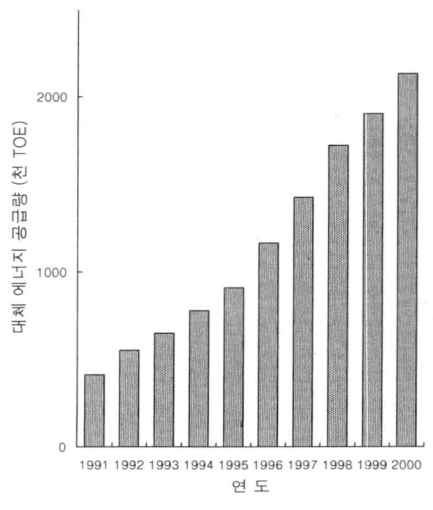

그림 5. 최근 우리나라의 대체 에너지 공급량 변동. (자료 : 대한전기협회)

대체 에너지 개발은 지구 환경문제에 대응할 수 있는 에너지원으로 주목을 받고 있으며, 특히 지구상에 무한히 존재하는 무공해 에너지원을 이용한다는 점에서 각광을 받고 있다. 그럼에도 불구하고 대체 에너지 개발은 아직까지 많은 문제점을 안고 있는 바, 여기서는 태양광 발전을 예로 들어 그 전망과 한계를 고찰해 보기로 한다.

태양광 발전(photovoltaic power generation system)이란 태양광을 흡수하여 기전력(起電力)을 발생시키는 광기전력 효과를 이용하여 태양 에너지를 직접 전기 에너지로 변환시키는 발전방식이다. 태양광 발전은 무한한 태양 에너지를 이용함으로써 지구 오염 등의 환경에 대한 영향이 없으며, 기계적 가동 부분이 없어 진동과 소음도 없고, 보수 유지가 필요 없다는 장점을 지니고 있다. 그러나 고가의 태양 전지를 이용하기 때문에 설비투자비가 많이 들어 발전 단가가 높고, 기상 여건의 변화에 따라 출력이 변화되는 등의 문제점을 안고 있다. 1999년 현재 전세계 태양광 발전시스템의 설치 용량은 516 MWp이고, 우리나라의 태양광 발전 보급 실적은 2000년까지 4,151 kWp에 머물고 있는 실정이다(대한전기협회, 2002).

그밖에 바람을 이용하는 풍력(風力) 발전, 시설 용량 3,000 kW 이하의 소수력(小水力) 발전, 파랑 에너지를 이용하는 파력(波力) 발전, 조석 간만의 차를 이용하는 조력(潮力) 발전 등의 대체 에너지 모두 지구 환경 문제에 대응할 수 있는 에너지원으로 주목받고 있기는 하지만, 이들 모두 국내 부존자원의 경제성에 문제가 있거나 실용화에는 아직까지 많은 문제점을 안고 있는 상황이다.

따라서 화석연료의 과다 사용에 따른 지구온난화 문제와 석유 공급 불안과 같은 국제적 상황을 고려해 볼 때, 연 평균 10% 이상의 전력수요 상승을 기록하고 있는 우리나라로서는 대체 에너지 이용의 획기적인 기술 개발이 이루어지지 않는 한 원자력발전소의 건설과 가동이 불가피한 선택이라고 간주된다.

III. 온도 변화가 해양의 생물과 생태계에 미치는 영향

　국내외 여건을 종합해 볼 때 향후 수십년간 원자력발전 이외의 대안을 찾기 어려운 현 시점에서 원전 온배수 문제의 현황을 살펴보기 전에 왜 온도 변화가 심각한 문제가 되는 지를 이해할 필요가 있다. 여기서는 먼저 바닷물의 온도 변화가 다양한 해양생물에 미치는 영향을 살펴보고, 나아가서 수온의 상승이 해양생태계 전반에 미치는 영향을 간략하게 다루어 보기로 한다.

1. 온도 변화가 해양생물에 미치는 영향

　다양한 환경요인 가운데 온도는 해양생물의 출현과 대사작용 및 운동에 영향을 미치는 가장 중요한 환경요인이다. 물론 생물의 종류에 따라 온도의 변화에 따른 반응이 다소 차이를 보이기는 하지만, 서식지의 온도가 상승하면 일반적으로 생물은 다음과 같이 반응한다(그림 6).

즉 주변 환경의 온도가 약간 올라가면 생물의 세포 내 화학·효소반응이 빠르게 진행되어 대체로 생장이 촉진된다(그림 6의 ①). 그러나 온도가 더욱 상승하여 어느 임계점을 넘어서면 세포를 구성하는 각종 물질의 불활성화(不活性化)가 일어나고(그림 6의 ②), 그 결과 세포의 기능은 급격하게 감소하여 결국 생물은 죽게 된다.

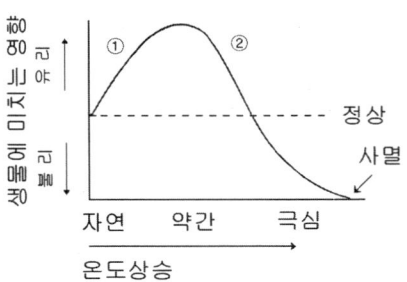

그림 6. 환경의 온도 상승에 대한 생물의 반응.

본질적으로 대부분의 동물과 식물은 유전적으로 고정된 온도 범위에 걸쳐 생존할 수 있고, 이 온도 범위는 종마다 특징적으로 나타난다. 이 범위는 여러 요인에 의하여 다소 변경될 수 있으나 각 종이 치사하는 상한(上限)과 하한 온도(下限溫度)는 유전적으로 고정된 온도에서 거의 변화하지 않는다.

그런데 생물은 태어나서 유생기(幼生期)를 거쳐 성체에 이르고 자손을 낳는 일련의 생활단계마다 생존할 수 있는 온도의 범위가 달라지며, 특히 산란과 부화와 같이 생식현상을 영위할 때 그 범위는 매우 좁아진다. 따라서 해양동물이 알을 낳고 부화하는 시기나 해양식물의 포자가 만들어지고 발아하는 시기에 주변 환경의 온도가 비정상적으로 높게 올라가면 해양생물 종(種)의 영속성에 차질을 빚을 수 있다.

한편 생물은 온도 변화에 대하여 가장 적합한 최적 조건이나 또는 견딜 수 있는 내성(耐性, tolerance) 범위가 서로 달라서, 이를테면 송어류는 10℃ 내외에서 가장 잘 자라고 20℃가 넘게 되면 압박을 받다가 25℃ 부근에서 죽게 된다. 반

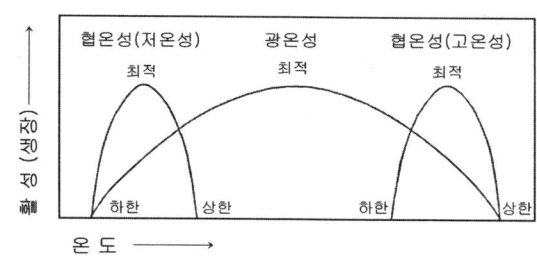

그림 7. 협온성 및 광온성 생물의 상대적 내성 한계의 비교.

면에 잉어류와 같은 다른 물고기는 송어류가 치사하게 되는 25℃ 부근에서 오히려 최적 생장을 보이게 된다(김, 2000a).

그러므로 서식지의 온도 조건이 변화하게 되면 예전에 출현하던 생물 가운데 온도의 내성 한계가 좁은 생물은 사라지는 반면, 변모된 온도 조건을 선호하는 새로운 생물이 출현할 수 있다(그림 7). 즉 환경의 온도가 자연 상태보다 상승하면 비교적 넓은 온도 범위에 내성을 갖는 광온성(廣溫性, eurythermal) 종들은 그들의 고유한 상한 온도까지는 생존할 수 있지만, 좁은 온도 범위에서만 출현하는 협온성(狹溫性, stenothermal) 종들은 사라지면서 변화된 높은 온도 조건에 적응하는 새로운 생물로 대치될 수 있다.

바다에는 실로 다양한 생물들이 출현하고 있으며, 이들 각각의 생물종은 온도 변화에 따라 서로 다르게 반응을 한다. 여기서는 해양생물의 주요 집단을 대상으로 온도 변화가 미치는 영향을 간략하게 살펴보기로 한다.

가. 식물플랑크톤

　식물플랑크톤(부유식물, phytoplankton)은 대부분 육안으로 볼 수 없는 미세한 크기를 갖고 있으면서 광합성 색소체를 가지고 빛 에너지를 고정하여 유기물을 합성하는 생물이다. 이러한 점에서 이들 식물플랑크톤을 독립영양생물(autotroph) 또는 일차생산자(primary producer)라고 일컫는다.
　식물플랑크톤은 단단한 바위 표면이나 다른 식물에 부착하는 저서성(底棲性) 종류도 있지만, 대부분은 물에 떠서 대체로 물의 움직임에 따라 이동하는 부유성(浮遊性) 종류들로 구성된다. 식물플랑크톤은 그들의 작은 크기에도 불구하고 지구상의 유기물 공급에 크게 공헌하면서 동물플랑크톤이나 어류와 같은 수생동물의 중요한 먹이생물이 된다.
　발전소 온배수가 유입되는 해역의 식물플랑크톤은 계절에 따라 다르게 반응한다. 대체로 봄과 가을에는 자연 수역보다 온배수가 유입되는 해역에서 식물플랑크톤의 생산력(productivity)이 증가하는 경향을 보인다. 그것은 온배수의 방출로 수온이 상승하면서 많은 식물플랑크톤들의 최적 생장 조건에 근접하기 때문이다. 그렇지만 여름철에는 온배수가 유입되는 해역에서 식물플랑크톤의 생산력이 온배수의 영향을 받지 않는 곳보다 오히려 감소하는 양상을 나타낸다. 그 이유는 자연적인 해수의 온도가 높은 여름에 온배수가 지닌 열 에너지로 말미암아 온도가 더욱 올라가면서 대부분 식물플랑크톤 종의 최적 생육 온도를 넘거나, 간혹 상한 온도를 초과하기 때문이다.
　다른 한편으로 식물플랑크톤은 개체의 크기가 작기 때문

에 거의 대부분 발전소의 취수구 스크린을 지나 냉각계통을 통과하면서 많은 손상을 받게 된다. 식물플랑크톤과 같이 크기가 작은 생물체가 취수구 스크린에 걸리지 않고 냉각계통을 통과하는 현상을 연행(連行, entrainment)이라 부르는데, 이 기간 동안 생물은 다양한 압박(stress)을 받게 된다(김, 1983).

먼저 취수구의 펌프에 다다르면 생물체는 빠른 속도에 의한 충격과 기계적인 마찰에 덧붙여 급격한 압력 변화에 직면한다. 한편 복수기 관 내벽에 부착하는 오손생물(汚損生物, fouling organism)을 제거할 목적으로 취수구에서 하이포아염소산나트륨(NaClO)과 같은 하이포아염소산염(hypochlorite) 용액을 주입하는데, 이와 같은 염소처리(chlorination)는 오손생물뿐만 아니라 냉각계통을 지나는 식물플랑크톤에게도 큰 피해를 줄 수 있는 화학적 압박 요인이 된다. 복수기에서는 불과 몇 십 초 사이에 온도가 10℃ 내외로 급격하게 상승하면서 열적 압박을 받게 되며, 이후 배수구에서 방류될 때까지 연행되는 생물체는 자연 수온보다 훨씬 높은 온도에 노출된다.

따라서 짧게는 몇 분에서 길게는 몇 십 분까지 냉각계통을 지나는 동안 식물플랑크톤은 다양한 기계적, 화학적 및 열적 압박으로 인하여 많은 종류가 죽게 되며, 냉각계통의 연행에 따른 식물플랑크톤의 사망률(mortality)은 특히 다수기가 가동되는 대용량 원전 주변 해역에서 엄청난 냉각수량 때문에 간혹 심각한 문제가 될 수 있다.

나. 동물플랑크톤

동물플랑크톤은 식물플랑크톤과 비슷하게 대부분 육안으로 식별할 수 없는 작은 크기를 지니고 있으며, 식물플랑크톤이나 세균 또는 침전물을 섭취하여 더욱 큰 동물들이 이용할 수 있는 양분으로 전환시킨다. 따라서 동물플랑크톤 역시 식물플랑크톤과 함께 수생동물의 중요한 먹이생물이 된다.

전세계적으로 온배수가 유입되는 해역에서 동물플랑크톤을 조사한 결과를 종합해 볼 때, 자연 수온이 그다지 높지 않은 계절에는 자연 수역보다 개체군 밀도가 높기도 하고 낮기도 하여 어떤 일관된 경향을 찾기 어렵다. 그렇지만 자연 해수의 온도가 높은 계절에는 온배수의 영향을 받지 않는 수역보다 현존량이 감소하는 추세를 보이는데, 그것은 약 30℃를 넘어서면서 대부분 동물플랑크톤 종의 최적 생육 온도를 넘어서기 때문이다.

한편 동물플랑크톤 역시 개체의 크기가 작은 탓에 식물플랑크톤과 마찬가지로 발전소 냉각계통을 통과하게 되고, 이때 동물플랑크톤은 기계적 또는 열 충격을 받게 된다. 이제까지 동물플랑크톤을 대상으로 조사된 자료를 종합해 보면 냉각계통 연행 후의 평균 사망률은 30% 미만으로 나타나지만, 온도와 염소 처리의 극단적인 조건에서는 최대 사망률이 100%까지도 기록된다(김, 2000a).

다. 해조류

해조류(海藻類)는 식물플랑크톤과 마찬가지로 광합성 색

소를 가지고 빛 에너지를 고정하는 일차생산자이지만, 대체로 물에 떠서 생활하는 식물플랑크톤과는 달리 연안의 바위 또는 다른 생물에 부착하여 생육한다. 어류와 같이 유영 능력을 가진 생물들은 자신에게 불리한 조건을 회피할 수 있겠으나, 고착성 해조류는 서식지의 환경 조건에 따라 종(種)의 생존 여부가 좌우된다. 따라서 발전소에서 배출되는 온배수의 영향을 논함에 있어 해조류는 중요한 지표생물(指標生物, indicator organism)의 하나로 간주된다.

온배수의 영향을 받는 곳에 서식하는 해조류는 대체로 조간대와 조하대에서 그 양상을 달리하고 있음을 본다. 먼저 조석(潮汐) 현상에 따라 규칙적으로 물에 잠기거나 드러나는 조간대(潮間帶, intertidal zone)에 출현하는 해조류는 정상적인 조건에서도 온도 변화와 건조에 대하여 어느 정도 내성을 가지고 있기 때문에 대체로 온배수에 대한 영향이 그다지 크지 않다. 반면에 항상 물에 잠겨 있는 조하대(潮下帶, subtidal zone)의 해조류는 조간대의 경우보다 훨씬 안정된 조건에서 생육하는 탓에 온배수의 영향을 받게되면 생장이 감소하거나 출현종의 조성이 바뀌는 경향을 보인다.

원자력발전소 가운데 우리나라에서 처음으로 1978년 4월에 가동을 시작한 고리원전 1호기의 경우 배수구 부근에서 1977년에는 참도박(*Pachymeniopsis elliptica*), 작은구슬산호말(*Corallina pilulifera*), 진두발(*Chondrus ocellatus*), 개서실(*Chondria crassicaulis*) 등이 우점종(dominant species)으로 조사되었다. 그런데 고리 1호기가 가동을 시작한 1978년에는 가동 전의 우점종이었던 참도박의 생육이 감소하고 개서실은 전혀 출현하지 않았다. 반면에 작은구슬산호말의 생육이 증가하고, 특히 가동 전에 별로 나타나지 않았던 애기우뭇가사리(*Gelidium divaricatum*)가 새로운 우점종의 하나로 등장하였다(김과 이, 1980).

한편 1986년 8월에 상업운전을 시작한 영광원전 1호기의 경우, 방수로에서는 가동 전에 m^2 당 136 g(건조무게)의 해조류 생육이 관찰되었는데 가동 후에는 무게를 측정할만한 해조류가 전혀 출현하지 않았다(김과 유, 1992).

1978년에 고리원전 1호기가 가동을 시작한 이래 지난 20여 년간 국내에서 가동 중인 원전 주변에 출현하는 해조류를 대상으로 수행된 각종 조사결과들을 종합해 볼 때, 발전소 배수구에 인접한 조사정점에서는 온배수의 영향을 덜 받는 정점들과 비교하여 해조류의 종조성과 생물량이 모두 빈약한 것으로 나타나고 있다(김과 김, 1991; 김, 1999a).

한편 해조류는 오랜 역사를 두고 우리 민족에게 있어 중요한 식용 자원이 되어 왔으며, 학계에 발표된 자료에 따르면 우리나라에서는 87종의 해조류가 식용으로 이용되는 것으로 집계되었다(오 등, 1990). 다양한 해조류 가운데 특히 김, 미역, 톳, 다시마 등이 주요 양식종이 되고 있으며, 1999년의 경우 우리나라 천해양식어업에서 해조류가 차지하는 비율은 생산량이 60% 이상 그리고 금액이 30% 가량이다(해양수산부, 2000).

이들 양식 해조류 가운데 주류를 이루는 김과 미역의 경우를 예로 들어 생장에 필요한 온도 범위를 살펴보기로 한다(강과 고, 1977).

먼저 자연 상태에서 생육 상태로 판단한 김의 생장 적온은 다음과 같다. 가을이 되어 수온이 22℃ 전후에서 15℃ 정

그림 8. 고리원전 배수구 부근에서 채집된 미역(A)과 인근의 문동리 해안에서 채집된 미역(B와 C)의 엽체 비교 사진. (자료 : 김 등, 1999)

도까지 저하하는 기간이 발아기(發芽期)이며, 15℃ 이하가 되면 생장기(生長期)에 들어가고 온도가 차츰 더 내려감에 따라 매우 무성하게 자라서 최성기(最盛期)로 된다. 이 경우 김의 수확 정도로 보아 5~8℃가 생장 적온이라 할 수 있으며, 그 하한은 4℃이다. 이후 봄이 되어 수온이 12~13℃가 되면 생육이 그치게 된다. 김의 생육 초기에 수온이 15℃ 이하로 떨어져서 안정되기 전에는 갯병의 우려가 많아 안심이 되지 않으므로, 김 양식에서는 '15℃ 한계'를 중요시하고 있다.

한편 미역의 엽체(葉體) 역시 가을부터 자라서 봄까지 성숙한다. 성숙한 엽체의 생장에는 12℃보다 낮은 온도가 적합하고, 5~10℃가 최적 생장 조건이다. 따라서 미역의 성엽이 생장하는 겨울에 자연 해수의 온도가 이상 고온 현상을 나타내거나 또는 온배수 확산역을 접하게 되면 정상적인 생장을 기대하기 어렵게 된다(그림 8).

라. 저서동물

　바위와 같이 단단한 기질에 부착하거나 모래나 뻘과 같이 부드러운 기질에 부착하여 생육하는 각종 동물을 저서동물(底棲動物) 또는 대형무척추동물이라 부른다. 저서동물은 운동성이 없거나 또는 극히 제한된 범위 내에서 이동하기 때문에 고착성 해조류와 비슷하게 오랜 동안 수질의 오염 또는 압박에 대한 지표생물로 활용되어 왔다.
　전세계적으로 화력발전소 또는 원자력발전소 주변에서 이루어진 조사들에 따르면 대체로 발전소의 배수구에 인접한 한정된 수역에서 저서동물의 수가 감소하는 것으로 나타났다. 조간대에 서식하는 저서동물은 일반적으로 높은 온도에 대한 내성이 높으며, 특히 공기 중에 노출되는 빈도가 높아지는 조간대 상부로 갈수록 내성이 증가하는 경향이 있다. 반면에 조하대에 출현하는 저서동물은 조간대의 종류에 비하여 치사온도 범위가 훨씬 낮아진다.
　한편 발전소 취수구에서 일어나는 강한 물살은 물기둥에 존재하는 대형무척추동물을 끌어들여 냉각계통을 지나게 할 수 있다. 이 가운데 일부 종은 냉각계통 내부의 표면에 착생함으로써 오손(汚損) 부착생물 군집을 형성하고 그 결과 발전소 가동에 지장을 초래할 수 있다.
　연행된 대형무척추동물을 조사한 결과 냉각계통을 통과한 후의 저서동물 사망률은 종류에 따라 1~20%의 범위로 다양하게 나타나고 있다. 온도가 높아짐에 따라 사망률이 현저하게 증가하는 경향을 보이며, 배수온도가 30℃를 넘는 여름에 최대 사망률을 나타낸다. 연행된 저서동물의 사망률은 냉각계통을 통과하는 시간에 따라 좌우되는데, 시간이 길어질수록 사망률은 증가한다. 뿐만 아니라 염소를 처리하게 되면 대부분의 온도 조건에서 생존율이 감소한다.

마. 어류

수산자원 가운데 어류(魚類)만큼 상업적 가치를 지닌 자원은 없다. 따라서 인간의 전체 환경에 대한 관심과 함께 어류 집단에 대한 온배수의 영향은 세인의 주목을 끌기에 충분하다.

어류는 해양생태계의 최종 소비자로서 그 생활사의 각 단계에 걸친 온도의 영향이 집중적으로 연구되어 왔다. 일반적으로 사람과 같은 항온동물(恒溫動物)은 주변 온도와 관계없이 자신의 체온을 항상 일정하게 유지시키는 다양한 온도 조절작용을 가지고 있지만, 어류는 체온을 일정하게 유지시키지 못하고 주변 온도에 적응시키는 변온동물(變溫動物)이다.

생물의 체내 세포에서 일어나는 대사작용은 근본적으로 생화학적 반응이며, 거의 모든 화학 반응과 마찬가지로 생화학적 반응이 일어나는 속도는 체온과 관련되어 있다.

항온동물은 체온이 거의 일정하게 유지되므로 생화학적 반응이 근본적으로 일정한 속도로 일어난다. 그렇지만 어류는 서식 수온의 범위 이내에서는 수온이 증가할수록 신진대사가 빨라진다. 그런데 온도가 계속 상승하면 생화학적 반응의 상한에 다다르게 된다. 그것은 모든 생명과정에서 중요한 역할을 수행하는 효소(酵素)가 일정한 온도 이상에서는 불활성화되고 세포 내용물이 응고하기 때문이며, 뿐만 아니라 수온이 상승하면 혈액 중의 헤모글로빈이 체내 조직으로 산소를 운반하는 기능이 저하되기 때문이다. 따라서 어류는 이러한 상한 온도 이상의 환경에서는 생육하지 못하게 된다. 한편 수온이 반대로 낮아지게 되면 생화학적 반응과 혈액 운반이 급격히 저하되어 계속 생명을 유지할 수 없는 생육 하한 온도에 다다르게 된다.

온대 해역에 분포하는 대부분의 어류는 수온이 낮은 겨울철에 양분을 적게 섭취하고 성장도 아주 느리게 진행된다. 따라서 발전소의 폐열(廢熱)을 이용하게 되면 겨울철의 양분 섭취율을 증가시키고 결과적으로 성장률을 촉진시킬 수 있다. 바로 이러한 점을 이용하여 전세계적으로 온배수를 이용하는 어류 양식시설들이 세워지고 가동되고 있다.

주변 환경의 온도에 적응되어지는 어류의 능력은 생물체에서 흔히 나타나는 보호작용의 한 예이다. 이러한 보호작용의 다른 예는 도피반응 또는 온도의 선택이다. 만일 어류에게 서로 다른 온도의 물을 선택할 기회가 주어지면 어류는 대부분 자신에게 유리한 온도를 선택하게 된다. 이것은 어류 스스로 그들의 적정 온도범위 내에서 생육하려는 선천적인 경향성이다.

특히 어류는 수온이 낮아지는 계절에 온배수가 확산되는 곳으로 모이는 경향이 있다. 이와 같이 어류가 온배수 확산역을 선택하게 되면 계절에 따른 어류의 주기적인 이동을 방해하게 되고, 그 결과 발전소의 가동 중단과 같은 특정 상황에 직면하면 어류 집단은 충격을 받게 된다.

어떤 온도에 생육하는 어류가 그보다 높거나 낮은 온도에 적응하려면 온도의 변화가 서서히 일어나야 한다. 온도 변화에 대하여 어류가 적응할 수 있는 범위는 온도가 상승할 경우 하루에 1.1℃ 이하이어야 하고, 온도가 감소할 경우에는 이보다 변화의 폭이 적어야 한다고 알려져 있다. 이렇게 정상적으로 온도 변화에 적응하지 못할 정도의 급격히 높거나 낮은 온도의 변화를 열충격(thermal shock)이라 한다. 일반적으로 어류의 열충격에 의한 사멸은 여름철보다는 겨울철에 그 발생 빈도가 높아지는데, 그것은 겨울의 낮은 온도에서는 많은 어류의 유영능력이 감소되기 때문이다.

온도의 상승은 어류에 직접적으로 영향을 미치기도 하지만, 그밖에도 몇 가지 해로운 간접적인 영향들이 있다. 이를테면 수온이 상승하면 병에 대한 감수성(感受性)이 높아져서 세균들로부터 침입을 받기 쉽다. 또한 높은 온도에서 어류는 그들의 먹이가 되는 작은 동물들을 섭취하는 능력이 다소 감소하기도 한다.

한편 온배수가 어류에 미치는 다른 간접적 영향으로 기포병(氣泡病, gas bubble disease)을 들 수 있다. 일반적으로 기체의 용해도는 수온이 증가할수록 낮아지지만, 만일 공기에 의하여 포화된 물이 급격하게 가열되었을 경우 이미 용해된 과다한 기체는 방출되지 않을 수 있다. 이렇게 과포화된 물을 어류가 접하게 되면 기체는 아가미를 통하여 혈액 속으로 흘러 들어가게 된다. 과다한 용존가스는 주로 질소로 구성된 기포를 방출하고, 이들 기포가 혈관을 막아 어류를 사멸케 한다.

2. 수온의 상승이 해양생태계에 미치는 영향

지금까지는 온도의 변화가 바다에 출현하는 다양한 생물에 미치는 영향을 주요 집단별로 살펴보았다. 그런데 다른 한편으로 수온이 상승하여 어떤 생물의 생육이 급격히 감소한다면 이는 나아가서 생태계 전반에 걸쳐 혼란을 야기할 수 있다.

해양생태계는 다양한 생물들로 구성된다. 먼저 현미경적 크기를 지니고 대체로 물에 떠서 생활하는 식물플랑크톤이나 연안에 부착하여 자라는 해조류는 빛 에너지를 이용하여 무기물을 유기물로 전환시킨다. 이렇게 광합성 작용을 통하여 유기물을 합성하는 식물체를 일차생산자(一次生産者) 또는 독립영양생물(獨立營養生物)이라 부른다. 한편 식물체와 달리 스스로 무기물로부터 유기물을 합성할 수 없는 동물체들을 종속영양생물(從屬營養生物)이라 일컫는다. 여기에는 크기가 작은 동물플랑크톤이나 크기가 다양한 저서동물 또는 어류 등이 포함되며, 이들은 생존을 위하여 식물플랑크톤 또는 보다 작은 다른 동물체를 먹이로 섭취해야 한다.

대체로 식물플랑크톤을 먹이로 삼는 작은 동물플랑크톤은 다시 다른 동물플랑크톤이나 어류에게 섭취되는데, 이와 같이 생태계에서 각 생물이 뒤에 연결되는 생물의 먹이가 되어 연결되는 관계를 먹이사슬(food chain)이라 부른다. 그렇지만 실제로 자연 생태계에 있어서 해양생물의 먹이의 상관관계는 그림 9에 보인 바와 같이 매우 복잡하게 얽혀 있어서, 이를 먹이그물(food web)이라고 한다.

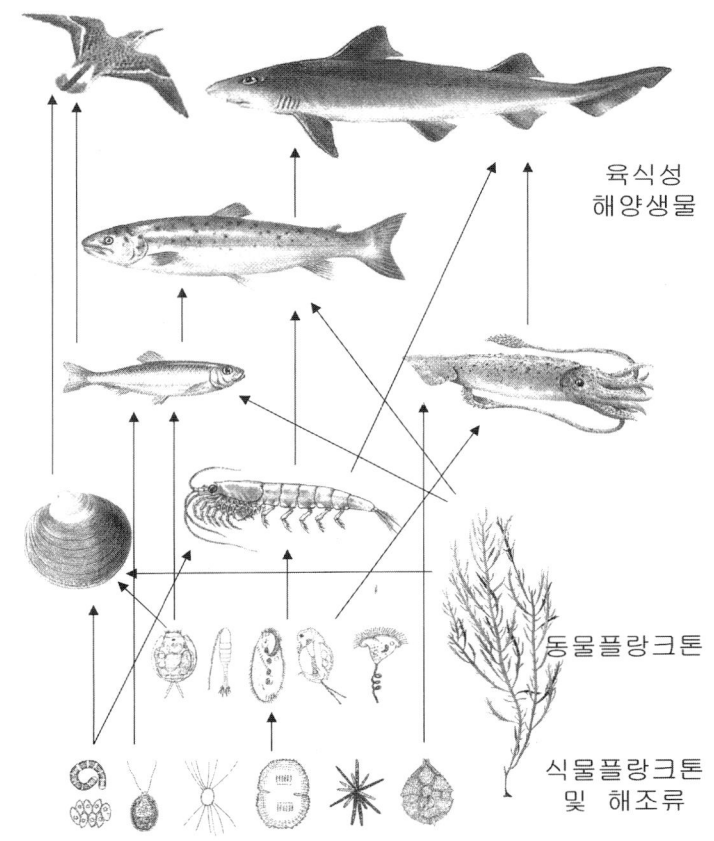

그림 9. 해양의 먹이그물.

해양생태계의 안정성(stability)은 바로 이들 생물 구성원의 다양성에 기초를 두고 있는 것이다. 그런데 만일 먹이사슬 또는 먹이그물을 이루며 연계되는 다양한 생물 가운데 어느 한 종류가 갑자기 사라진다면 이들을 먹이로 삼던 다른 생물이 타격을 받을 수 있고, 따라서 생태계는 전반적으로 혼란을 겪을 수 있다. 나아가서 이 생태계의 정점에 우리 인간이 자리잡고 있음을 고려해 볼 때 생태계의 교란은 궁극적으로 우리 인간에게까지 영향을 미칠 수 있다.

그러므로 온도의 상승은 환경요인의 변화 그 자체로만 끝나는 문제가 아니라, 우리가 예측할 수 없는 생태계의 변화를 초래할 수 있다는 점에서 문제의 심각성을 더해 준다.

여기서 한 가지 간과해서는 안될 사실이 바닷물의 온도는 육상의 경우와 달리 매우 안정되어 있다는 점이다. 물론 바닷물의 표면 즉 표층수(表層水)에서 태양 복사가 강하게 흡수되지만, 다른 한편으로는 혼합과 증발 현상으로 말미암아 흡수한 열 에너지가 상실된다. 따라서 외양의 수온은 하루에 0.3℃ 이상 변하지 않고, 연안에서도 일교차가 1~2℃를 넘지 않는다. 특히 수심 6~8m 이하에서는 하루 종일 수온이 변하지 않는다. 이러한 맥락에서 많은 해양학자들은 바다의 1℃ 변화가 육상의 10℃ 또는 그 이상의 변화와 맞먹는다고 지적하고 있는 실정이다.

결론적으로 온도 조건에 관한 한 바다는 육지와 비교하여 볼 때 매우 일정하고 평온한 환경이라 할 수 있으며, 해양생물은 이와 같이 매우 안정된 바다의 온도 조건에 적응하고 있는 것이다. 이러한 탓에 온도 변화가 해양생물이나 해양생태계에 미치는 영향은 우리가 예상하는 온도 변화의 폭보다 훨씬 좁은 범위에서 큰 효과를 발휘할 수 있고, 바로 이 점이 발전소 온배수 문제의 바탕이 되는 것이다.

IV. 원전 온배수 문제의 현황 분석

20세기 후반에 우리 사회에 새롭게 등장한 원전 온배수 문제는 20세기가 지나 21세기에 접어들도록 해결의 기미를 보이기는커녕 오히려 문제가 심화되는 양상을 보이고 있다. 더구나 온배수로 인한 생태계 차원의 문제점을 깊이 인식하고 우려하는 계층도 찾아보기 어려운 실정이다.

그렇다면 원자력발전소에서 배출되는 온배수와 관련하여 과연 어떤 점들이 심각한 문제가 되고 있는 지, 그 주요 문제점의 현황을 분석하여 제시해 보기로 한다.

1. 지구온난화에 따른 해수 온도의 상승과 온배수

원자력발전소에서 배출되는 온배수가 주변 해역에 미치는 영향을 이해함에 있어서 무엇보다도 지구온난화에 따른 자연적인 해수 온도의 상승을 심각하게 고려할 필요가 있다.

지구에 도달하는 태양 에너지의 약 1/3은 반사되고 나머지 에너지가 지구의 공기, 물, 육지, 식물들에 의하여 흡수된다. 흡수된 태양광선은 적외선 복사인 열로 전환되어 서서히 대기 중으로 재복사된다. 결국 모든 열은 지구의 대기를 빠져나가 우주로 확산되어 되돌아가고, 지구에 입사되는 에너지의 양과 지구 밖으로 빠져나가는 에너지 양과의 사이에는 평형이 이루어진다.

그런데 이러한 평형이 대기오염물질인 이산화탄소(CO_2), 질소산화물(NOx), 메탄(CH_4), 염화불화탄소(CFCs; 일명 프레온 가스) 등에 의하여 바뀌어질 수 있다는 사실이 알려지고 있다. 이를테면 이산화탄소는 태양광선이 대기를 투과하여 지나가도록 허용하여 지구를 덥힐 수 있게 하지만, 지구의 표면으로부터 재방사되어 나오는 적외선 복사를 흡수하게 된다. 이 과정은 지구의 온도가 비교적 일정하게 유지되는데 도움이 되는데, 이산화탄소의 농도가 정상을 초과하게 되면 지구 온도 평형을 상향 조정시킨다.

이러한 온도 평형이 상승할수록 지구로 재복사되는 열은 더 많아지고 결국 대기를 덥게 하는 결과를 가져오게 된다. 이러한 현상은 온실의 지붕을 이루는 유리창이 온실 내부로부터 빠져나가는 열을 감소시키는 역할과 비슷하고, 따라서 이산화탄소의 이러한 역할과 유사한 행동을 하는 기체들을 온실 가스(greenhouse gas)라고 한다.

염화불화탄소의 경우를 제외한 온실 가스들은 자연적으로 발생하는 기체들이지만, 현대에 들어 산업화가 진행됨에 따라 그 발생량이 현저하게 증가하였다. 이들 기체의 다량 방출은 지구 열 수지의 평형을 상승시키고, 이로 인한 지구 온도의 상승을 온실 효과(greenhouse effect) 또는 지구온난화

(global warming)라고 한다.

산업혁명이 시작된 이후부터 현재까지 대기 중 이산화탄소의 양은 약 15% 증가하였으며, 이로 인해 지구의 평균 기온이 약 0.5℃ 상승하였다고 알려져 있다. 물론 지구의 온도 상승과 지구의 기후 변화에 관해서는 많은 논란이 있지만, 대부분의 학자들은 지금처럼 이산화탄소의 양이 계속 증가한다면 2070년에는 지구의 평균 기온이 약 1.5~4.5℃ 상승할 것으로 예측하고 있다.

대기가 따뜻해지면 대기와 접촉하고 있는 해양의 표층도 자연히 영향을 받게 된다. 기후 변화를 예측하는 모델을 이용하여 계산해 보면 50년 후 남극해 주변에서는 표층 수온이 약 4℃ 상승할 것이며, 태평양 전역은 현재보다 2~3℃ 가량 수온이 상승할 것으로 예상된다.

최근 국립수산과학원(구 국립수산진흥원)은 창설 당시인 1921년부터 한반도 주변 해역에 대한 해양환경 및 수산자원 변동상황에 대하여 조사한 자료를 분석한 결과 한국 근해에서도 온난화 징후가 나타나고 있다고 발표하였다. 창설 시점인 1921년부터 80년간의 조사 자료로부터 한국 근해의 해양 변동 상태를 분석한 결과, 표층 수온이 동해가 0.62℃, 남해가 0.61℃ 그리고 황해가 0.88℃ 각각 상승하였다. 이와 같은 수온 상승 추세는 주로 겨울철을 중심으로 나타남으로써 특히 겨울철의 온난화 현상이 더욱 뚜렷하였다.

그림 10은 1997년 2월과 2002년 2월에 미국 해양대기청(NOAA) 위성이 찍은 한반도 주변 수역의 적외선 영상을 보여주고 있다. 같은 달에 측정한 표층 수온의 분포가 불과 5년 만에 상당히 멀리 북쪽으로 그 세가 확장되고 있음을 한 눈에

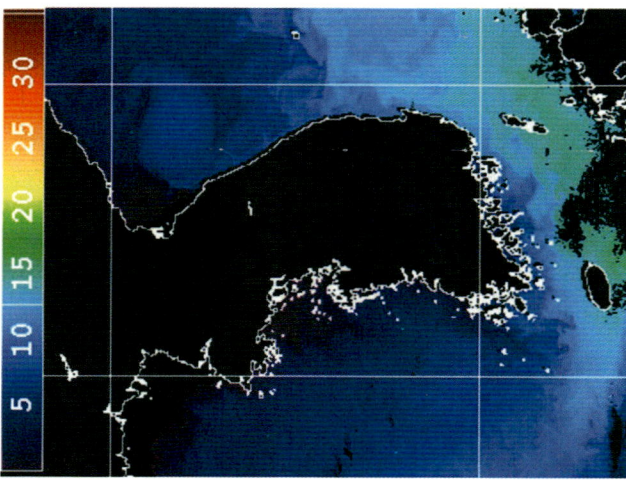

그림10. 1997년 2월과 2002년 2월에 미국해양대기청(NOAA) 위성이 찍은 한반도 주변 수역의 적외선 영상. 사진 위 막대 속의 숫자가 표층 수온이다. 남해와 동해를 중심으로 표층 수온의 상승이 뚜렷하게 나타나고 있다. (자료 : 국립수산과학원)

볼 수 있으며, 특히 남해와 동해를 중심으로 표층 수온의 상승이 뚜렷하게 나타나고 있음을 알 수 있다.

이와 같이 지구온난화에 의한 겨울철 해양온난화로 인하여 우리나라 어업 생산에도 큰 변화가 있는 것으로 나타났다. 이를테면 1960~1970년대 초반까지 풍어를 보였던 꽁치나 오징어 자원이 1970년대 중반을 기점으로 감소하고 반면에 고등어, 멸치 등 회유성 어종이 계속 증가하고 있다. 특히 표층에서 회유하는 꽁치는 그 회유형태가 기후와 해양변화에 민감하게 반응한다고 밝혀지고 있다.

국립수산과학원이 최근에 발표한 바에 따르면 한반도 주변 해양의 해수 온도가 상승하면서 어업자원 변동의 전형적인 세 가지 특이 현상이 나타나고 있다. 첫째로 난류성 어종에 있어 어종의 분포 해역이 북상하고, 둘째로 어종의 어기(漁期)가 연장되고 있으며, 셋째로 어종의 겨울철 어획량의 증가 현상이 나타나고 있다. 이를테면 오징어, 고등어, 멸치 등 연근해 주요 난류성 어종의 겨울철(1~3월) 분포 해역이 1970년대 중반에 비하여 1998~2000년에는 북방 형성되었고, 분포 밀도가 높아 어획량도 증가되고 있다.

이토록 지구온난화에 따른 해수 온도의 상승은 그 상승폭이 미미하게 보일지는 모르나 예상을 훨씬 넘는 크나큰 결과를 초래할 수 있다. 예를 들어 2001년 8월에는 해파리떼들이 두 차례나 울진 원자력발전소 취수구를 막아 버렸으며, 유령멍게와 흰따개비 등 외래 해양생물들이 속속 침투하고 있다. 수온이 따뜻해짐에 따라 바닷속 암반이 하얗게 변하는 백화현상, 즉 갯녹음 현상이 제주도는 물론 동해안을 따라 강릉까지 확산되고 있다.

그런데 이와 같이 자연 해수의 온도가 서서히 증가하는 상황에 연안에 세워진 발전소로부터 온배수가 방출되어 해수의 온도가 더욱 올라가면 상승작용을 나타내어 예상치 못한 결과가 초래되지 않을까 우려된다. 상승작용(相乘作用, synergism)이란 어떤 요인의 작용이 다른 어떤 요인의 개입에 의해서 강화되는 작용을 가리킨다. 쉽게 비유하자면 '1+1=2'가 아니라 '2' 이상의 결과를 초래할 수 있다는 것이다. 즉 자연적인 해수온도의 상승과 온배수로 인한 수온의 상승이 상호 작용하였을 때, 각 요인이 개별적으로 작용하는 영향의 합을 초과할 가능성을 배제할 수 없다는 것이다.

국내 원자력발전소 가운데 영광원전을 예로 들어 복수기로 들어가는 물의 온도와 복수기를 거쳐 나오는 물의 온도차($\triangle T$)를 살펴보면 표 5와 같다. 물론 계절에 따라 그리고 발전소의 가동 상황에 따라 복수기 입·출구 온도차는 달라지는데, 전반적으로 7~10℃의 범위를 보이고 경우에 따라서는 12℃까지 차이를 보이기도 한다(한국전력공사 전력연구원, 2002).

그런데 원자력발전은 화력발전보다 열효율이 낮아서 보다 많은 냉각수를 필요로 하고, 특히 한 부지에 4개호기 또는 그

표 5. 국내 원자력발전소 복수기 입·출구 온도차의 예 (2001년 영광)

(단위 : ℃)

호기\계절	겨울	봄	여름	가을
#1호기	10.5~12.3	9.0~9.5	7.5~8.5	8.2~9.6
#2호기	9.9~12.2	7.7~9.0	7.4~7.8	8.6~9.9
#3호기	11.5~11.9	10.0~10.7	8.8~9.1	10.2~10.5
#4호기	11.3~12.1	10.5~10.7	8.8~9.1	10.0~10.3

(자료 : 한국전력공사 전력연구원, 2002)

표 6. 국내 원전 냉각수 사용량의 설계치 또는 운영실적

(단위 : m^3/sec)

원전 호기	고리	월성	울진	영광
#1호기	21.8	40.5	61.8	49.8
#2호기	23.7	40.5	61.8	49.8
#3호기	42.8	40.5	49.8	45.8
#4호기	43.3	40.5	49.8	45.8
#5호기	-	-	-	59.3
#6호기	-	-	-	59.3
계	131.6	162.0	223.2	309.8

이상의 발전소가 가동을 하는 탓에 원전 부지에서 배출되는 냉각수의 양은 실로 엄청난 양이 아닐 수 없다.

현재 국내에서 가동중인 원전 부지에서 사용하는 냉각수의 설계치 또는 운영실적은 표 6에 보인 바와 같다. 이 표에서 나타난 바와 같이 한 부지에서 초당 130m^3 이상의 냉각수가 방출되고 있으며, 특히 6개호기가 가동하고 있는 영광원전의 경우 냉각수는 초당 300m^3를 초과하고 있는 실정이다. 최근 우리나라의 상수도 급수량이 서울의 경우 초당 약 50m^3이고, 전국적으로도 초당 약 180m^3인 점을 고려해 볼 때(자료 : 지방행정정보은행), 국내 원전 부지에서 방출하는 온배수의 양이 어느 정도인 지 가늠해 볼 수 있다.

결론적으로 지구온난화에 따라 자연적인 해수의 온도가 상승하는 현실에서 발전소로부터 현재와 같은 방식으로 엄청난 양의 온배수가 계속 방출된다면 예측하기 어려운 상승작용을 나타낼 수 있다. 더구나 원자력발전소 뿐만 아니라 화력발전소를 합치면 우리나라 연안 20곳 이상의 부지에 온배수를

방출하는 발전소들이 들어서 있으므로, 장기적인 관점에서 볼 때 그 파급효과가 국지적으로만 끝나지 않고 의외로 멀리까지 확산될 가능성을 배제할 수 없다. 발전소 온배수 문제의 본질은 바로 이러한 문제에 있음을 인식해야 한다.

2. 냉각계통의 문제점

국내 원전이 안고 있는 문제점 가운데 중요한 핵심은 바로 냉각계통에 있다고 본다.

우리나라에 건설되어 가동되고 있는 모든 원전의 냉각계통은 관류냉각방식(貫流冷却方式, once-through cooling system)을 취하고 있다. 이 방식은 일회냉각방식 또는 직접냉각방식(direct cooling system)이라고도 부르며, 취수원으로부터 펌프로 올린 냉각수를 복수기 또는 열 교환기로 보내어 여기서 열이 전달된다. 복수기 내에서 증발열을 흡수한 냉각수는 주변으로 직접 방출되고, 열은 복사(radiation), 전도(conduction) 및 대류(convection)의 방법으로 확산된다.

냉각수가 충분히 공급되고 냉각수를 내보낼 곳의 체적 또는 면적이 충분한 곳에서는 발전소를 설계하고 가동하는데 있어서 이 방식이 가장 간단할 뿐만 아니라 경비 또한 가장 적게 든다. 그렇지만 이 방식은 모든 냉각방식 가운데 수권 환경으로 방출되는 열량이 가장 많고, 특히 굴뚝을 통하여 열이 소실되지 않는 원자력발전소의 경우 그 심각성은 더해진다. 더구나 다양한 수문학적 또는 기상 조건에 따라 배출된 온배수가 취수구로 재순환될 문제가 일어날 수도 있다.

물론 관류냉각방식이 설계가 간단하고 경비가 가장 적게 든다는 장점이 있기는 하나, 많은 양의 열 에너지를 주변 수역으로 방출함에 따라 인근 해역에서 수산업에 종사하는 주민들과 끊임없이 마찰을 빚고 있는 것이다. 더욱이 수온의 상승으로 말미암아 일부 생물종의 출현이 지장을 받게 되면 궁극적으로 해양생태계의 안정성이 교란 받을 가능성도 있다.

3. 원전이 모두 연안에 위치하고 있다

국내 원전의 다음 문제점으로는 원전이 세워져 있는 위치를 들 수 있다. 앞서 살펴 본 바와 같이 우리나라 원전은 거의 모든 화력발전과 마찬가지로 냉각계통에 있어서 관류냉각방식을 취하고 있기 때문에 필연적으로 다량의 냉각수가 필요하고, 내륙에서 다량의 냉각수를 안정적으로 공급받을 수 없는 지리적 여건을 가진 우리나라에서는 발전소가 모두 바닷가에 세워져 있는 실정이다.

그런데 삼면이 바다로 둘러싸인 우리나라는 세계에서 그 유례를 찾기 어려울 정도로 다양한 해양생물을 이용하여 왔으며, 바다는 오랜 역사를 두고 수산업에 종사하는 많은 주민들의 삶의 터전이자 주된 생계의 수단이 되어 왔다. 시장에 나가보면 해조류는 물론 각종 해양동물들을 수북하게 담아놓고 파는 모습을 쉽게 접할 수 있다.

해조류의 경우 우리나라에서는 87종을 식용으로, 54종을 약용으로 그리고 74종을 공업용으로 이용하는 것으로 집계되었다(오 등, 1990). 이들 유용 해조류는 모두 164종으로 우리나라 전체 해조류의 약 1/4에 달한다. 많은 사람들이 해조류의 소비에 있어서 일본을 세계 으뜸으로 치지만, 일본 사람들이 식용으로 이용하는 해조류는 실제로 김, 다시마 등 몇 종에 불과하다. 음식 문화에 관한 한 세계 제일이라 일컫고 각국에 퍼져서 그 민족의 입맛에 맞는 음식을 개발하는데 빼어난 소질을 갖춘 중국인조차도 해조류를 요리의 재료로 결코 사용하지 않는다.

어류 또한 우리처럼 다양하게 소비하는 나라가 없을 것이다. 바다에서 잡히는 물고기 가운데 우리가 식용으로 이용하지 않는 물고기를 찾기 어려운 실정이다. 그밖에도 새우젓, 멸치젓, 갈치젓, 황석어젓, 조기젓, 오징어젓, 어리굴젓, 꼴뚜기젓, 까나리액젓 등 우리네 식탁을 장식하는 젓갈의 종류만도 140여 가지나 된다고 한다. 우리 민족은 해양생물을 이용하여 실로 다양한 먹거리 문화를 창조하여 왔다고 하여도 결코 지나친 표현이 아닐 것이다.

이와 같은 소중한 자원의 대부분이 우리의 연근해로부터 나온다. 연안 곳곳에는 각종 해양생물의 양식장과 어장이 형성되어 있으며, 바다는 수산업에 종사하는 주민들의 소중한 삶의 터전이 되고 있다. 바닷가를 끼고 여행을 하노라면 바다에 떠 있는 바둑판 모양의 각종 시설물을 누구나 쉽게 발견할 수 있다(그림 11). 비록 그와 같은 시설물이 눈에 띠지 않더라도 해안의 마을마다 바닷물에 들어가지 말라는 경고판을 볼 수 있다. 이는 어민들의 소득 증대를 위하여 마을 어촌계마다 막대한 경비를 들여 전복과 같은 유용 수산자원의 종패를 인근 바다에 투입하였기 때문이다. 한 마디로 노는 바다를 찾아볼 수 없을 정도이다.

그림 11. 고리원전 부근 월내만의 전경. 멀리 보이는 건물이 고리원자력발전소이고, 해수면의 작은 흰 점들이 양식장이나 어장의 부표들이다. 이와 비슷한 모습을 거의 모든 우리나라 연안에서 볼 수 있다.

    더구나 우리의 생활과 직결되는 많은 유용한 해양생물들, 특히 미역이나 김과 같은 양식 해조류는 낮은 온도에서 잘 자라게 된다. 이와 같은 저온성 생물들이 온배수를 접하게 되면 정상적인 생육을 기대하기 어렵게 된다. 특히 발전소 부지의 새로운 입지 선정에 난관을 겪고 있는 우리나라에서는 부득이 기존의 부지에 다수기를 건설할 예정이고, 이들 후속기가 추가로 가동될 때 첨가되는 막대한 양의 냉각수에 기인하여 온배수 확산 범위가 의외로 멀리까지 확장될 가능성을 배제할 수 없다.

4. 원전 온배수 배출기준이 없다

전세계적으로 많은 나라에서는 발전소로부터 배출되는 온배수의 배출기준을 엄격하게 규정하고 있다.

온배수의 배출 기준은 나라마다 또는 지역마다 서로 다른데, 이를테면 취수구와 방출구의 온도 차이를 기준으로 하기도 하고, 온배수가 확산되어 혼합되는 구역의 경계와 온배수의 영향을 받지 않을 것으로 간주되는 물인 주위수와의 최대 온도차($\triangle T$)로 기준을 삼기도 한다. 후자의 경우, 주위수의 1시간 동안 최대 온도변화($\triangle T_h$) 또는 24시간의 최대 온도변화($\triangle T_{24}$)를 고려하기도 하며, 여름의 수온이 높음을 감안하여 여름과 다른 계절(가을~봄)의 배출기준을 구별하기도 한다. 그밖에 배수구로부터 특정 거리에서 취수구와의 온도 차이를 규정하거나, 배출구의 최대 온도를 기준으로 삼기도 한다(김 등, 2002).

이토록 연해에 해조류나 어패류 양식장이 별로 없는 외국에서조차 환경보호와 자원보전을 위하여 엄격한 기준을 채택하고 있는데, 노는 바다가 없을 정도로 바다를 적극 활용하고 세계에서 유례를 찾기 어려울 정도로 다양한 해양생물을 식용 등의 자원으로 이용하고 있는 우리나라에 온배수 배출 기준이 마련되어 있지 않다는 점은 이해할 수 없다.

다만 환경부의 수질환경보전법 시행규칙 가운데 오염물질의 배출허용 기준에서 배출수의 온도를 40℃로 규정하였을 따름이지만, 엄밀하게 말하면 이 기준을 발전소 온배수의 배출 기준으로 보기는 어렵다. 바로 이러한 점 때문에 국내에서 그간 발전소 온배수로 인한 갈등이 끊이지 않았다고 하여도 결코 지나침이 없을 것이다.

5. 온배수 문제에 대한 국가적 대책 미흡

원전 온배수 문제가 세기를 거듭하여도 해결의 실마리를 찾지 못하는 원인 가운데 국가의 대책이 미흡하다는 점을 뺄 수 없다. 원전의 건설과 가동이 국가적 사업임에도 불구하고 원전 온배수 문제는 정부 내 사각지대에 놓여 있다고 하여도 과언이 아니다.

원자력발전의 가동에 따른 환경 문제는 1980년대부터 과학기술부가 전담하였으나, 1996년에 원자력법 및 시행령이 개정되면서 원전 주변 환경평가를 일반 환경과 방사선 환경 측면으로 이원화함에 따라 과학기술부는 이제 방사능 이외에는 관심이 없는 듯 하다. 원전의 일반 환경을 담당하게 된 산업자원부(당시 통상산업부)는 원전 주변 환경조사 지침(산업자원부 고시 제 1996-330호, 1996. 6. 27.)을 제정 고시하였다가 그나마 전기사업법 및 환경·교통·재해 등에 관한 영향평가법의 개정에 따라 2001년 12월 31일에 환경조사 지침을 폐지 고시하였다. 한편 해양수산부는 물론 환경부 산하 30개 환경관리위원회에도 온배수 문제를 집중적으로 다룰 수 있는 위원회가 없는 실정이다. 한 마디로 우리나라는 원전 온배수 문제에 관한 한 무정부 상태라 표현할 만 하다.

한편 각종 예민한 온배수 문제에 대응하는 전력회사에도 문제가 있다고 본다. 발전소 지역 주민들은 최근 발전소 온배수 문제를 주요 쟁점으로 삼고 조직적으로 다양한 분야를 문제화하고 있는 반면, 전력회사에서는 합리적이고 미래지향적인 대응방안을 마련하지 못하고 있는 실정이다. 원자력발전소와 화력발전소를 합쳐서 연안 20곳 이상의 부지에서 주변 해역으로 온배수를 방출하고 해양생태계에 미치는 영향이 심각하게 논의되고 있음에도 불구하고 전력회사에서는 해양학이나 특히 해양생물을 전공한 전문가를 별로 확보하지 않았으며, 환경 업무에 종사하는 직원들 역시 잦은 인사 이동으로 인하여 전문지식을 축적할 충분한 배려가 이루어지지 않고 있다. 뿐만 아니라 연안 곳곳에서 발전소 온배수 문제가 날로 불거지고 있음에도 불구하고 해양환경 업무를 담당하는 직원들의 수가 절대적으로 부족한 실정이다.

국가적으로 중요한 원전 사업을 주관하는 정부와 이를 추진하는 전력회사의 관계자들이 원전 온배수가 수산업과 해양생태계에 미칠 수 있는 영향의 중요성과 심각성을 충분히 인식하지 못하고 애써 외면하고 있음은 실로 안타까운 일이 아닐 수 없다.

6. 원전 온배수 이용방안 미흡

발전소 온배수를 이용하는 방법은 이미 1950년대부터 선진 각국에서 시작되었으며, 1970년대부터 본격적으로 실용화되었다. 온배수가 지닌 열 에너지를 이용하여 농작물의 생산을 촉진시키기 위한 지중 가온(soil warming) 또는 온실 난방에 활용하거나 온배수 자체를 해산어류 및 무척추동물의 양식에 직접 이용할 수 있다(김, 2000a; 한국수력원자력주식회사, 2002).

어류나 무척추동물은 체온을 일정하게 유지시키지 못하고 주변 온도에 적응시키는 변온동물이며, 온대 해역에 분포하는 대부분의 해양동물은 수온이 낮은 겨울철에 양분을 적게 섭취하고 성장도 아주 느리게 진행된다. 이와 같이 겨울철의 저수온기에 어류나 무척추동물을 양식하려면 수온을 인위적으로 높여 주어야 하는데, 여기에 소요되는 비용이 생산 원가의 상당한 부분을 차지한다. 그런데 발전소에서 배출되는 온배수를 이용하게 되면 효과적으로 어류를 월동시킬 수 있을 뿐만 아니라 저수온기에도 성장을 지속시킬 수 있다. 예를 들어 새우는 통상 1년에 한 번 수확할 수 있지만 온배수를 이용하면 1년에 두 번 수확할 수 있고, 굴의 양식에서 온배수를 이용하면 상품 가치를 지니는 데 소요되는 기간을 절반 가량으로 단축할 수 있다.

현재 발전소 온배수 이용의 기술개발이 이루어져 상업화 단계에 이른 나라는 일본, 미국, 프랑스 등 20여개 국가에 이른다(김 등, 2002; 한국수력원자력주식회사, 2002). 그 사례를 국가별로 간략하게 살펴보면 다음과 같다.

미국은 22개 발전소에서 양식 사업을 하고 있는데, 해안에 위치한 발전소에서는 굴, 바다가재, 새우 및 어류를 대상으로 하고 내륙에 위치한 발전소에서는 메기와 뱀장어를 양식하고 있다. 독일은 10여개 발전소에서 메기, 잉어, 송어, 농어 등 어류의 양식을 시도하였으며, 6개 발전소에서 농어류 양식의 기업화에 성공하였다.

원전 설비용량을 기준으로 세계 제 2 위 국가인 프랑스는 이미 1970년대부터 원자력발전소에서 배출되는 온배수의 열 에너지를 이용하는 방안을 다양하게 모색하고 활용하고 있다(그림 12).

이를테면 프랑스 북단의 도버해협에 위치한 그래블린(Gravelines) 원자력발전소에는 온배수의 높은 온도를 이용하여 어류를 상업적으로 양식 생산하는 시설이 세워져있다. 폭 127m 그리고 길이 1.2km에 이르는 대형 양식장에서 농어와 도미를 각각 4백만 마리와

그림 12. 원전 온배수 이용에 관한 프랑스 전력회사(EDF)의 홍보 자료.

3백만 마리 가량 기르고 있으며, 매년 2천 톤 이상 생산하여 큰 수익을 올리고 있다. 그밖에 중부 지방의 루아르(Loire) 강가에 위치한 쉬농(Chinon) 원자력발전소에서는 온배수를 지방자치단체에 무상으로 공급하고, 지자체에서는 희망하는 업체에 수수료를 받고 온배수를 공급해 주고 있다. 현재 시설 하우스를 이용한 토마토 재배, 아스파라거스 재배, 화훼 원예, 목재 건조 등 7개의 대규모 소비업체가 온배수를 활용하고 있다.

가까운 일본에서도 원전 온배수 이용의 성공적 사례를 곳곳에서 볼 수 있다. 예를 들어 동경전력 후쿠시마(福島) 제1원자력발전소에서는 발전소에서 배출되는 온배수를 이용하여

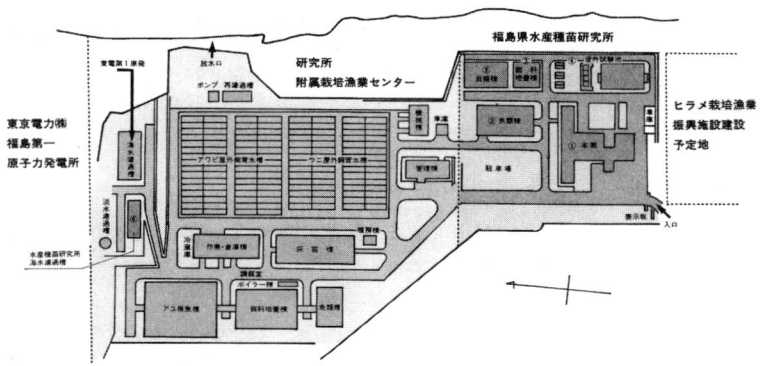

그림 13. 일본 후쿠시마 제1원자력발전소 남쪽에 건설된 수산종묘연구소와 연구소 부속 재배어업센터의 조감도.

전복, 조개, 넙치 등 어패류의 종묘를 생산 육성하여 방류하고 이를 연구하는 대규모 시설을 발전소 남쪽에 건설하였다(그림 13). 수산종묘연구소와 연구소 부속 재배어업센터 그리고 넙치재배어업진흥시설의 제반 시설은 전원입지 촉진대책의 일환으로 모든 경비를 전력회사 측에서 부담하여 건설하고 지방자치단체에 기증하여 현(縣)의 수산종묘연구소와 재배어업협회에서 운영 관리하도록 하였다.

우리나라에서는 1990년대부터 보령화력, 영광원자력, 월성원자력발전소 등에 양식장을 건설하고 어패류를 양식하고 분양하거나 방류하고 있다. 그 가운데 영광원전과 월성원전에 세워진 온배수 이용 양식시설의 규모는 표 7과 같다.

우리나라 원전에서 온배수를 이용하여 어패류를 양식하는 사업의 목적은 온배수의 안전성과 청정성을 입증하고 지역 어민들에게 어류 양식의 기술을 전파하여 어가 소득증대에 기여함에 있다. 한편 온배수를 이용하여 양식한 어류를 방류하는

표 7. 영광원전과 월성원전에 세워진 온배수 이용 양식시설의 규모

구분	영광원전	월성원전
준공일	1995년 5월	1998년 9월
부지 면적(m^2)	2,600	5,293
건물별 면적(m^2)	양식동 : 1,782 창고 : 74 혼합실 : 675	양식동 : 1,488 배양동 : 167 창고 : 166 관리실험동 : 200
수조 수량·면적(m^2)	16기(1,024/50톤급) 1기(128/100톤급)	어류수조 : 24개(598) 패류수조 : 48개(266) 미생물조 : 8개(140)
연간 생산능력	성어 17톤	성어 6톤 치어 30만 마리 전복 치패 3만 마리
주요 양식생물	넙치, 감성돔, 농어, 숭어, 전복	넙치, 참돔, 돌돔, 조피볼락, 황복, 전복
운영 형태	직영	위탁운영

(자료 : 한국수력원자력주식회사, 2002)

사업도 전개되고 있어서, 영광원전에서는 1997~2000년에 넙치 등 중간성어 약 19만 마리, 전복 치패 1만 마리 및 대하 치어 5백만 마리를 인근 해역에 방류한데 이어, 2001년 5월에는 넙치 중간성어 1만 마리, 전복 치패 1만 4천 마리 및 대하 치어 2백만 마리를 방류하였다. 월성원전에서도 2000년과 2001년에 자체 생산한 돌돔 등 어류 73만 마리와 전복 치패 3만 마리를 인근 해역에 방류한 바 있다.

그렇지만 우리나라의 원전 온배수 이용 양식장의 규모와 생산 현황은 프랑스나 일본 등 선발 국가에 비하면 아직까지도 미흡한 수준이라고 본다. 예를 들어 일본의 동경전력 후쿠시마 제1원자력발전소 남쪽에 위치한 넙치재배어업진흥시설의

경우, 치어 사육동의 면적이 약 3천m^2이고 75m^3 용량의 원형 수조가 20개 들어 있으며, 길이 10cm 가량의 종묘를 연간 1 백만 마리 이상 생산하고 있다.

더구나 영광원전과 월성원전의 온배수 이용 양식장은 발전소 부지의 구내에 세워져있고, 당초 목적과는 달리 지역 주민들에게 실질적인 혜택이 돌아간다고 보기 어려운 상황이다. 고리원전에서도 수년 전부터 온배수 이용 양식장의 건설이 추진되었지만, 아직까지 결실을 맺지 못하고 있는 실정이다. 한마디로 원자력발전의 가동에 따라 필연적으로 방출되는 온배수의 열 에너지를 또 하나의 자원으로 인식하고 효율적으로 재활용하려는 노력이 아직은 미흡하다고 판단된다.

프랑스와 일본 등의 원전 지역 주민들 사이에는 인근에 세워진 발전소에서 공급받는 온수 덕분에 혜택을 본다고 긍정적으로 평가하는 분위기가 확산되어 있지만, 우리나라는 안타깝게도 그렇지 못한 상황이다. 원전 온배수를 효율적으로 이용하지 못하고 있는 점 역시 원전 온배수 문제 해결에 걸림돌이 되고 있다고 하여도 과언이 아닐 것이다.

7. 온배수 영향 조사기관의 신뢰성

1985년 7월에 원자력법 제111조 및 과기처 고시 제1985-5호에 의거하여 '원전 주변 환경조사 지침'이 제정되었고, 이에 따라 1986년 5월부터 한국전력공사 기술연구원(현 전력연구원) 화학환경연구실에서 원전 주변의 환경조사 업무를 수행하게 되었다. 이듬해인 1987년 9월에 한국전력공사 기술연구원 화학환경연구실에 환경조사부가 발족되면서 현재의 한국전력공사 전력연구원 원자력연구실 방사선환경그룹에 이르기까지 소속 또는 명칭이 몇 차례 변경되기는 하였지만, 바로 이 부서가 과기처 고시 제1985-5호(1996년 6월에 산업자원부 고시 제1996-330호로 변경)에 의거하여 지난 10여 년간 국내의 4개 원전 주변을 대상으로 원전에서 배출되는 온배수가 주변 해역에 미치는 영향을 조사하는 주관 부서가 되었다.

이토록 한국전력공사의 소속 기관에서 원전 주변의 환경조사를 실시하고 있는 것은 다름이 아니라 산업자원부 고시 제1996-330호에 따른 원자력발전소 주변 환경조사 지침의 제3조(조사항목 및 조사빈도)에서 '전기사업자는 원자력발전소 가동으로 인하여 주변 환경에 미치는 영향을 파악하기 위하여 다음 각호에 정하는 바에 따라 환경조사를 실시하여야 한다'라고 규정되어 있기 때문이다.

그런데 원전 주변 환경조사 지침의 근거법인 전기사업법 제29조가 1999년 9월에 삭제되고 환경영향평가법이 1999년 12월에 환경·교통·재해 등에 관한 영향평가법으로 흡수 통합되면서 산업자원부는 규제 철폐 차원에서 2001년 12월 31일에 환경조사 지침을 폐지 고시하였다. 그렇지만 원전 건설기간 중 및 가동 이후 5년까지 환경조사를 수행하여야 한다는 환경·교통·재해 등에 관한 영향평가법의 의무조항을 준수하고 환경관리의 신뢰성을 확보하기 위하여 전기사업자인 한국수력원자력주식회사에서는 기존의 원전 주변 환경조사 지침을 다소 보완한 자체지침을 제정하여 계속 조사를 수행하고 있다. 산업자원부에서 환경조사 지침을 폐지 고시한 직후 한국수력원자력주식회사에서 전문가와 협의를 거쳐 2002년 1월에 제정한 원전 주변 환경조사의 자체지침은 부록 1과 같다.

원전 주변 환경조사에는 전력연구원 방사선환경그룹에서 해양물리학, 해양수질 및 해양생물학을 전공하는 연구진이 매년 10명 내외로 투입되고 있다. 그렇지만 환경조사 지침에서 정한 모든 조사항목을 사내의 인력만으로 다룰 수 없는 탓에 매년 사외의 조사인력, 즉 대학에서 다양한 분야를 전공하는 교수들을 자문위원으로 활용하여 조사에 임하고 있는 실정이다.

이토록 매년 많은 예산과 전문가 집단이 투입되어 원전 온배수 영향 조사를 수행하고 있음에도 불구하고 그 조사결과가 학계에서 합리적으로 받아들여지고 일반 국민 특히 발전소 지역 주민들이 신뢰할 수 있는 자료라고 평가받기는 어렵다고 판단된다.

그 주된 이유의 하나로는 기존의 산업자원부 고시 또는 최근 한국수력원자력주식회사에서 정한 온배수 영향 조사방법이 각 생물 집단이 지니고 있는 고유한 생물학적 특성을 무시한 채 거의 획일적으로 조사지침이 마련되어 있어서 다양한 해양생물 집단에 미치는 온배수의 영향을 과학적으로 해석하는데 무리가 따른다는 점을 들 수 있다.

그렇지만 다른 한편으로 온배수 영향을 조사하는 주체가 바로 전력을 생산하는 회사에 소속된 기관이고 따라서 한국전력공사 전력연구원에서 발간되는 보고서가 작성 제출되다 보니(그림 14), 그 내용의 옳고 그름을 떠나서 많은 사람들이 보고서 내용의 신뢰성에 문제를 제기하는 경향이 있다. 특히 발전소 주변의 주민들은 한국전력공사 소속의 전력연구원에서 수행하는 온배수 영향 조사 자체에 거부감을 가지고 있다고 하여도 과언이 아닐 것이다.

더구나 발전소 지역에서 온배수 피해 문제가 제기될 때마다 그 피해상황을 밝히기 위하여 수억원에서 수십억원에 이르는 용역비를 대학이나 연구소에 지급하고 조사를 의뢰하고 있는 실정이다. 그런데 그 피해조사의 항목이 원전 주변 환경조사 지침에 따른 온배수 영향 조사의 내용과 상당 부분 중복되고 있으므로 예산의 낭비 요인이 되고 있다.

그림 14. 온배수 영향 조사기관인 한국전력공사 전력연구원에서 매년 작성하여 발간하는 보고서의 한 예 (고리원전 주변 환경조사의 2001년보).

뿐만 아니라 해양의 물리·화학적 특성이나 특히 생물의 분포는 실로 복잡한 양상을 띠고 있기 때문에 한 연구자가 같은 지역에서 동일한 방법으로 조사를 수행하더라도 항상 동일한 결과를 얻기 어려운 상황이다. 그런데 연구자가 달라지고 조사방법이 서로 다르게 되면 자연히 그 결과의 편차는 크게 날 수 있다. 같은 지역에서 이렇게 조사자와 조사기관마다 서로 다른 결과를 도출하다 보니 혼란이 가중될 수밖에 없고, 이와 같은 현실이 발전소 온배수 문제 해결을 더욱 어렵게 만들고 있는 원인이 되고 있다고 본다.

8. 기타 문제점

지금까지 열거한 문제점 외에 몇 가지 원전 온배수와 관련한 문제점을 살펴보면 다음과 같다.

먼저 기존의 4개 원전 부지에 후속기들이 추가로 건설될 예정이어서, 이미 가동되고 있는 18기 외에 울진원전에 2기(#5,6호기)가 건설 중이고 월성에 2기(신월성 #1,2) 그리고 특히 고리에는 4기(신고리 #1,2,3,4)가 건설 준비 중에 있다. 이토록 한 원전 부지에 많은 발전소가 들어설 수밖에 없음은 현재의 우리나라 여건상 원자력발전소를 세울 새로운 부지의 확보가 매우 어렵기 때문이다.

그렇지만 이렇게 한 부지에 6기 또는 8기에 달하는 다수기의 원자로가 가동되면 주변 해역에 미치는 온배수의 영향이 더욱 가중될 것으로 판단된다. 즉 한 부지에서 기존의 냉각방식인 관류냉각방식 그대로 다수기가 가동되면 이들로부터 배출되는 엄청난 양의 온배수로 말미암아 주변 해양생태계는 전문가들조차 예측하기 힘든 재앙이 초래될 가능성을 배제할 수 없다.

한편 발전소 지역 주민들이 수산업 피해 민원을 제기함에 따라 온배수 영향을 조사하거나 또는 피해 조사 연구를 수행하고 있지만, 전력회사와 주민들간의 상호불신에 기인하여 조사의 방법 또는 결과를 두고 논란이 끊이지 않고 있음은 안타까운 일이 아닐 수 없다. 나아가서 온배수 영향 또는 피해조사 연구에 참여하는 전문가들조차 편가르기에 휘말리는 불행한 사태가 발생하기도 하고, 심지어는 일부 학자의 견해에 불만을 품은 지역 주민들이 집단으로 몰려가서 폭력을 행사하는 사태로까지 진전되고 있는 어처구니없는 현실을 어떻게 받아들여야 할 지 혼란스럽기만 하다.

　　더욱 안타까운 일은 정부와 전력회사의 관계자들은 국책사업의 당위성만 강조하고 지역 주민들은 목전의 이해타산에만 매달려 있을 뿐, 정작 대용량 원전에서 방출되는 막대한 양의 온배수가 해양생태계의 안정성에 영향을 미칠 수 있는 점을 깊이 인식하고 우려하는 계층이 별로 없다는 점이다. 최근 전세계적으로 지구온난화에 따른 해수 온도의 상승이 심각한 문제로 대두되고 있는 상황에 원전 온배수 방출로 인한 열에너지의 연속적인 첨가는 의외의 상승효과를 가져 올 수 있기 때문에 이에 대한 진지한 논의와 적절한 대책 수립이 절실히 요청된다.

V. 원전 온배수 문제 해결을 위한 대책

　높은 경제성장률로 인하여 우리나라의 전력 수요가 연평균 10% 이상의 증가 추세를 보이고 있고 대체 에너지 등 다른 대안을 찾기 어려운 현실을 고려해 볼 때 원전 사업의 추진은 피할 수 없는 현실임에 분명하다. 그럼에도 불구하고 원자력발전소의 건설과 가동은 지금까지 살펴 본 바와 같이 많은 문제점을 안고 있는 것이 사실이다.
　20세기 후반에 우리 사회에 새롭게 등장한 원전 온배수 문제에 대하여 저자가 지난 20여 년간 온배수 연구를 수행하면서 얻은 나름대로의 대책 및 해결 방안을 두서없이 몇 가지 제시해 보기로 한다.

1. 원전 주변 해양환경 및 피해 조사방법의 표준화

　무엇보다도 원자력발전의 가동에 따라 방출되는 온배수가 주변의 해양생태계에 미치는 영향을 파악하고 특히 온배수의 방출 및 확산이 수산업에 미치는 피해를 올바르게 조사하기 위하여 원전 주변 해양환경 및 피해 조사의 방법론을 확립하고 표준화하여야 한다. 여기서는 일반적인 해양환경 조사와 피해 조사를 구분하여 살펴보기로 한다.

가. 원전 주변 해양환경 조사

먼저 원전 주변을 대상으로 하는 해양환경 조사의 경우, 정부는 1985년 7월에 원자력법 시행령 제111조 제1항의 규정에 의거 과학기술처 고시 제1985-5호 '원자력발전소 주변 환경조사 지침'을 제정하여 전기사업자로 하여금 매년 사후 환경영향조사를 실시하도록 해 왔었다. 그러다가 1996년 6월에 원자력법 및 시행령이 개정되어 원전 주변 환경평가를 일반환경과 방사선 환경 측면으로 이원화함에 따라 일반환경 조사만을 분리하여 통상산업부(현 산업자원부) 고시 제1996-330호를 제정하여 종전의 과학기술처 고시 제1985-5호를 대체하여 조사를 실시하여 왔다.

그러다가 최근 원전 주변 환경조사 지침의 근거법인 전기사업법 제29조가 1999년 9월에 삭제되고 환경영향평가법이 1999년 12월에 환경·교통·재해 등에 관한 영향평가법으로 흡수 통합되면서 산업자원부는 규제 철폐 차원에서 2001년 12월 31일에 환경조사 지침을 폐지 고시하였다. 그렇지만 한국수력원자력주식회사에서는 기존의 원전 주변 환경조사 지침을 다소 보완한 자체지침을 2002년 1월에 제정하여 계속 조사를 수행하고 있다(부록 1).

이러한 자체지침을 마련하는 과정에서 한국수력원자력주

식회사는 기존의 산업자원부 고시(제1996-330호)가 안고 있는 문제점을 검토하고 전문가와 협의하여 지침의 일부를 수정 보완하였다. 이를테면 산업자원부 고시의 지침에서는 대부분의 환경조사 항목이 계절별 조사를 실시하도록 되어 있지만, 정확한 조사 시기가 명시되어 있지 않았다. 그러나 같은 계절의 조사라 할 지라도 조사자에 따라 조사시기에 있어 차이를 보일 수 있다. 그 한 예로 춘계조사를 어떤 조사자는 3월에 실시할 수도 있고, 다른 조사자는 4월 또는 5월에 실시할 수도 있다. 그런데 해양환경은 달에 따라 크게 변할 수 있기 때문에 달을 달리한 조사 결과는 추후에 비교 대상이 되기 어렵다. 이러한 문제점이 지적되면서 2002년 1월에 제정한 한국수력원자력주식회사의 자체지침에서는 계절별 조사를 원칙적으로 일정한 달(예를 들어 봄 조사는 5월)에 실시하도록 명시한 바 있다.

그렇지만 기존의 산업자원부 고시 또는 최근에 한국수력원자력주식회사가 마련한 자체지침에서는 대체로 해양생물의 집단별로 고유한 생물학적 특성이 무시되고 조사방법, 조사범위 및 조사정점 등이 획일적으로 규정되어 있는 실정이다. 이에 따라 원전 주변 해양환경 조사는 많은 인력과 예산의 투입에도 불구하고 그 신뢰성이 부족하다는 지적을 받고 있음이 주지의 사실이다.

따라서 원자력발전소 주변의 환경조사 지침을 면밀히 재검토하고 전문가들의 충분한 논의를 통하여 원전에서 배출되는 온배수 영향을 누구나 신뢰할 수 있도록 조사 방법과 영향평가 기법을 확립함으로써, 온배수 영향조사의 객관성을 제고할 필요가 있다.

원전 주변 해양환경 조사에 있어서 보완이 필요한 사항을 몇 가지 지적하면 다음과 같다(김 등, 2002).

먼저 우리나라 원자력발전소가 현재 4개 지역(영광, 고리, 월성, 울진)에 위치해 있는데, 이 중 동해안에 위치한 고리, 월성 및 울진원전은 주변 해역의 해양환경이 상당히 유사한 특징을 보이지만, 조석간만의 차가 심한 서해안에 위치한 영광원전은 다른 원전에 비해 주변 해역의 해양환경이 매우 다른 특성을 보이고 있다. 그럼에도 불구하고 원전 주변 환경조사 지침은 모든 원전에 대해 동일한 조사 내용 및 조사 방법을 요구하고 있다.

그 한 예로 조사범위에 있어서 모든 원전에 대해 배수구로부터 반경 8km 범위 내에서 조사정점을 선정하여 조사를 실시하도록 되어 있다. 그러나 영광원전의 경우 온배수 확산 범위가 10km 이상으로 조사된 바 있어 반경 8km 범위에서만 조사를 실시할 경우 온배수 확산이 주변 해양환경 및 생태계에 미치는 영향을 정확히 파악하기 어렵다. 따라서 영광원전의 경우는 조사범위를 온배수 확산 범위에 맞추어 확대시킬 필요가 있다.

다른 예로는 조사빈도의 문제점을 들 수 있다. 식물플랑크톤이나 동물플랑크톤은 주변 환경이 적합할 때 일부 종이 폭발적으로 증식할 수 있으며, 이러한 플랑크톤의 대량증식은 불과 며칠 또는 한 두 주에 소멸되기도 한다. 그럼에도 불구하고 다른 생물들과 마찬가지로 플랑크톤의 경우에도 계절별 조사를 실시하다 보면 플랑크톤의 자연적인 대번식 시기가 포함되거나 또는 그렇지 않은 경우가 생기게 된다.

그 결과 원전 주변 해역에서 10년 이상 장기간에 걸쳐 계절별로 수행된 플랑크톤의 출현종수와 현존량의 변동을 살펴보면 불규칙한 피크가 곳곳에서 나타나고 있다(김, 1999b). 1999년에 4개 원전 주변 해역을 대상으로 계절별로 수행된 동물플랑크톤 현존량 조사 결과를 비교해 볼 때(김, 2000b), 동해안의 월성원전과 울진원전 주변 해역에

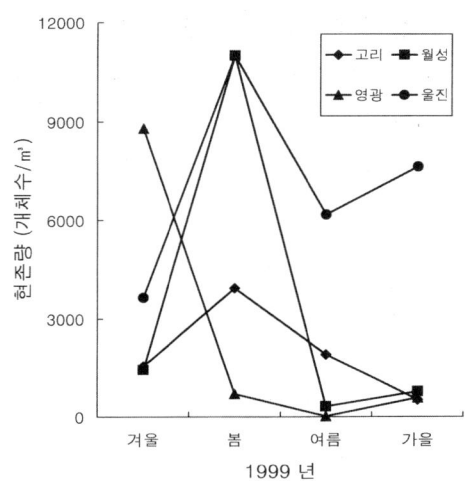

그림 15. 1999년에 4개 원전 주변 해역을 대상으로 계절별로 조사된 동물플랑크톤의 현존량 변화. (자료 : 김, 2000b)

서는 봄에 11,000 개체/m^3 이상의 많은 현존량을 보였다(그림 15). 이는 적조(赤潮)의 원인생물로 알려져 있는 야광충(*Noctiluca scintilans*)의 대증식이 일어났기 때문이다. 그런데 같은 계절에 고리원전 주변에서 조사된 동물플랑크톤은 월성원전이나 울진원전의 약 1/3에 불과한 현존량을 보였고, 특히 영광원전 주변 해역에서는 봄에 약 700 개체/m^3 만이 출현하였을 뿐이다.

이러한 결과들은 원전 온배수의 영향을 올바르게 해석하는데 있어서 혼란을 초래할 뿐만 아니라 자칫 논란의 여지가 될 수 있다. 그러므로 생물학적 조사의 조사빈도는 각 생물집단이 지니고 있는 고유한 생물학적 특성을 감안하여 그 시기를 조정할 필요가 있다.

한편 환경조사 지침에 표준화된 조사 방법이 명시되어 있지 않기 때문에 조사자마다 조사방법이 차이가 날 수 있으며, 이에 따라 서로의 조사 결과가 비교 대상이 되기 어려운 경우가 많은데 특히 해양생물 조사가 그러하다. 한 예로 동물플랑크톤을 조사할 때 어떤 조사자는 플랑크톤 네트(plankton net)의 그물코(網目, mesh)를 200㎛의 규격을 사용하기도 하고, 다른 조사자는 330㎛ 그물코의 네트를 사용하기도 한다. 이처럼 동물플랑크톤 채집을 위한 네트의 그물코가 다를 경우 똑같은 해역에서 같은 시기에 동물플랑크톤 채집을 하더라도 동물플랑크톤의 현존량과 종조성이 다르게 나올 수 있다.

따라서 원자력발전의 가동에 따라 방출되는 온배수가 주변의 해양생태계에 미치는 영향을 올바르게 파악하기 위하여 원전 주변 해양환경 조사의 방법론을 확립하고 표준화하여야 한다. 아무리 장기간에 걸친 조사결과가 있다 하더라도 동일한 방법으로 일관하게 조사하여 수집된 자료가 아니라면 올바른 환경영향 평가가 어렵기 때문이다. 그러므로 조사방법의 객관성과 결과의 신뢰성을 확보하기 위하여 세밀한 조사방법을 확정하고 이에 따라 조사를 수행하여야 할 것이다. 이렇게 함으로써 향후 조사자와 조사기관이 바뀌더라도 조사자료의 연속성을 기대할 수 있고, 비교 평가가 가능한 자료의 확보가 가능하게 될 것이다.

나. 온배수 피해 조사

20세기 후반부터 우리나라 원전 주변에서는 가지가지 민원이 제기되었고, 그 가운데 상당 부분을 온배수 방출로 인한 수산업 피해 사례가 차지하고 있는 실정이다. 그런데 사안이 발생할 때마다 대학 또는 연구소에 피해 조사를 의뢰하고 있지만, 객관적인 조사방법과 피해조사 지침이 마련되어 있지 않다 보니 연구자와 조사기관에 따라 그 결과가 상이하게 나오게 마련이다. 더구나 피해 규모와 정도를 두고 전력회사와 어민들간에 갈등을 빚고 있는 상황에서 조사자의 주관에 따라 서로 다른 결과를 얻다보면 문제가 오히려 심화되는 경우를 자주 접하게 된다.

이를테면 최근 영광원전 5·6호기 건설 및 가동에 따른 광역해양조사 중간보고 결과를 두고 어민들과 한국수력원자력 주식회사가 장기간 마찰을 빚고 있는데, 이와 같은 사태는 합리적이고 과학적인 피해조사 지침이 마련되어 있지 않음에 기인하는 것이다.

따라서 원전의 건설이나 가동과 관련하여 끊임없이 발생하고 있는 사업 시행자와 어민간의 수산업 피해보상을 둘러싼 갈등을 해소하고 비합리적인 소송의 악순환을 방지하기 위하여 원전 온배수로 인한 수산업 피해조사의 올바른 지침을 하루 빨리 제정하여야 할 것이다. 각계의 다양한 전문가들로 연구진을 구성하고 충분한 연구기간에 걸쳐 세밀한 방법론을 개발하여 누구나 수긍할 수 있는 피해조사 지침과 합리적인 피해보상의 잣대가 마련되어야 한다.

참고삼아 그림 16에 보인 바와 같이 최근 해양수산부에서 마련한 '항만 공사관련 어업권 피해조사지침(안)'은 온배수 피해조사 지침과 관련한 좋은 사례가 아닐 수 없다(해양수산부, 2002). 이 피해조사지침(안)을 제정하는 연구는 2000년 4월부터 2002년 6월에 걸쳐 추진되었으며, 우리나라 전국 연안의 대규모 공공사업 수행에 따른 어업손실 평가 사례를 절차·방법·제도 등의 관점에서 분석하여 문제점을 도출하고, 효율적이고 합리적인 어업손실 평가 및 어업피해 조사방법을 표준화하고 지침을 개발함으로써 어업피해 조사의 객관성과 공정성을 도모하고 어업피해 조사의 과학성을 제고하는데 목표를 두었다. 이 안에서는 어장환경조사, 어업피해범위 결정, 피해율 산정, 생산량 산정, 어업수익 및 어업경비 산정, 어업처

그림 16. 해양수산부가 2002년에 마련한 항만 공사관련 어업권 피해 조사지침(안)의 표지.

분 결정 등 어업피해조사의 전과정을 상세하게 표준화하고 있다. 바로 이와 같은 피해조사 지침이 원자력발전소 주변을 대상으로 하루 빨리 마련되어야 할 것이다.

2. 원전 온배수 배출기준의 제정

우리나라 원전이 안고 있는 다른 문제점의 하나가 바로 온배수 배출을 규제하는 기준이 없다는 점이다. 세계에서 유례를 찾기 어려울 정도로 다양한 해양생물을 식용자원으로 이용하고 있는 우리나라에서 외국과 달리 발전소에서 배출되는

온배수의 규제 기준이 마련되어 있지 않다는 사실은 납득하기 어렵다.

물론 환경부의 수질환경보전법 시행규칙 가운데 오염물질의 배출허용 기준에서 배출수의 온도를 40℃로 규정하고 있지만, 이 기준을 발전소 온배수의 배출 기준으로 간주하기는 어렵다. 원자력발전은 화력발전에 비하여 훨씬 많은 양의 온배수를 방출할 뿐만 아니라 각 부지마다 대용량의 4개 또는 6개호기가 가동되고 후속기의 건설이 계속 추진되고 있는 상황을 감안해 볼 때, 원전에서 배출되는 온배수의 배출 기준이 시급히 제정되어야 할 것이다.

특히 원전 주변 지역마다 온배수 방출에 따른 수산업 피해 보상 요구가 끊이지 않고 나아가서 이와 같은 민원이 후속기 건설 사업 추진에 큰 걸림돌이 되고 있는 바탕에는 온배수 배출 규제 기준이 없다는 점이 한 몫을 차지하고 있다고 하여도 과언이 아니다. 따라서 전국 각지에서 일어나는 온배수의 갈등을 최소화하고 안정적인 전력공급과 환경보전을 추구하기 위하여 우리나라의 실정에 맞는 합리적인 온배수 배출기준의 제정이 절대적으로 필요하다.

여기서 외국의 온배수 배출기준을 간략하게 살펴보면 다음과 같다.

먼저 미국에서는 대부분의 주에서 혼합영역 경계에서의 최대온도와 혼합영역 경계와 주위수와의 최대 온도차($\triangle T$)로 기준을 정하고 있다. 지역에 따라서는 주위수의 1시간 동안의 최대온도 변화($\triangle T_h$)와 24시간의 최대온도 변화($\triangle T_{24}$)를 고려하기도 한다. 최대온도의 기준은 해수 온도나 생태계 현황 등 주별로 고유한 해양 특성을 고려하여 설정되며, 각 주의

위도 범위와 밀접한 관계가 있다. 최대온도 변화는 여름과 나머지 기간(가을~봄까지)으로 구분하여 여름의 경우는 0.8℃ 그리고 나머지 기간은 2.2℃로 제한하는 경우가 대부분을 차지한다. 그러나 열대성 기후에 속하는 곳은 계절의 구분 없이 1.0℃ 이내로 기준을 정하고 있다.

일본의 경우 온배수 방출에 대한 국가 차원의 규정은 없으며, 환경 심사시 취수구와 방출구 사이의 수온 차이를 7~9℃ 이하로 규정하고 있다. 온배수 온도의 상한으로 동경시 조례에서는 40℃ 이하 그리고 가와사키시 조례에서는 38℃ 이하로 규제하고 있다.

그 밖에 대만은 40℃ 이하, 폴란드와 이탈리아는 35℃ 이하 그리고 프랑스, 벨기에, 네덜란드, 스웨덴 등은 30℃ 이하로 기준을 정하고 있다. 특기할 점은 방출구로부터 특정 거리의 지점에서 온도 상승을 규제하고 있는 경우인데, 대만의 경우 방출구의 위치로부터 반경 500m에서 4℃ 이하로, 이탈리아의 경우 방출구로부터 1,000m에서 3℃ 이하로 규제하고 있다.

따라서 우리나라도 전국 각지에서 일어나는 온배수 문제의 갈등을 최소화하고 안정적인 전력 공급과 환경 보전을 추구하기 위하여 합리적인 온배수 배출기준의 제정이 바람직하다. 기준을 마련함에 있어서 국내 원전 온배수 확산 범위와 우리나라의 고유한 해황 특성을 고려하고 전문가 집단과의 충분한 논의를 거칠 필요가 있다. 이와 관련하여 김 등(2002)은 원전 온배수 문제에 관한 정책연구과제를 수행하고 공청회 등을 통하여 다양한 의견을 수렴한 후 다음과 같은 안을 제시한 바 있다.

(1) 동해에 위치하고 있는 울진, 월성 및 고리 원자력발전소의 경우 배출구로부터 특정 거리에 위치한 지점의 표층수온이, 그리고 서해에 위치하고 있는 영광 발전소의 경우 배출구로부터 또 다른 특정 거리에 위치한 지점의 표층수온이 주위수와 온도차가 1℃ 이하이어야 할 것이다.
(2) 이때 배출구가 다수일 때는 각 배출구에서 가장 근접한 곳을 기준으로 삼는다.
(3) 주위수의 수온은 각 발전소의 연안에 근접되지 않은 10개 지점 이상에서 측정하여 평균함을 원칙으로 한다.
(4) 이러한 조사는 매월 실시한다.
(5) 단, 차후에 건설되는 발전소의 경우 배수방법(예 : 심층 배수)에 따라 배출기준을 따로 정하도록 권고한다.

온배수 배출기준을 마련함에 있어 왜 '온도차 1℃ 이하'를 기준으로 삼는가 하는 문제와 1℃ 이하로 규정할 배출구로부터 '특정 거리'를 과연 얼마로 삼을 것인가 하는 문제가 대두된다.
먼저 이제까지 국내 각 발전소에서 예측한 확산 모델의 결과와 주변 해양환경 피해보상이 주로 온배수 1℃ 확산범위를 기준으로 하였다. 뿐만 아니라 미국의 환경보호청(EPA)에서는 각 지역의 고유하고 특징적인 해양생물군집을 보호하기 위하여 발전소와 같은 인위적 시설에 의한 온도의 최대 허용상승(maximum acceptable increase)을 연중 1℃(1.8°F)로 규정하고 있다(Langford, 1990). 배출규제 기준은 간단하면서도 적용 가능한 현실적인 기준을 채택함이 바람직하므로, 우리나라도 1℃ 확산을 기준으로 삼는 것이 무난하다고 판단된다.

그렇다면 1℃ 이하로 규정할 배출구로부터 특정 거리를 원전마다 과연 얼마로 삼을 것인가 하는 문제가 남는다. 그런데 그간 우리나라 원전 주변 해역을 대상으로 온배수 확산역을 조사한 각종 자료가 일일이 사례를 열거할 필요가 없을 정도로 많이 있음에도 불구하고 조사기관마다 상이한 결과를 도출하고 있는 실정이다. 특히 1℃ 확산범위에 관하여는 전문가들 사이에서도 견해가 매우 다르게 나타나고 있음도 주지의 사실이다.

따라서 보다 합리적이며 미래지향적인 원전 온배수 배출기준을 확정하기 위하여 원전 온배수 배출기준에 관한 입법화와 법령 정비 이전에 다음과 같은 조치가 따라야 할 것으로 판단된다.

(1) 온배수 배출기준을 마련함에 있어서 각 해역별 수온 분포 및 생물종 분포조사와 발전소 건설·운영에 따른 환경영향평가 등 환경조사 결과도 충분히 고려함이 바람직하다.

(2) 각 원전 주변 해역에서 수행된 각종 수온관측 자료와 온배수 확산 모델링 자료를 종합 평가하고 전문가들의 충분한 논의를 거쳐 과학적으로 타당성이 인정되는 원전별 1℃ 확산범위를 규정하고 향후 건설될 후속기의 가동에 의한 영향도 반영한 다음, 이를 근거로 온도차 1℃를 규제하는 특정 거리를 확정하는 것이 요망된다.

(3) 국내 원전의 복수기 입·출구, 취·배수구 또는 경계 부표 부위에서 얻어지는 수온 관측 자료를 최대한 활용하는 방안도 모색한다.

(4) 원전 온배수 기준이 제정되었을 때 원전은 물론 온배수를 배출하는 화력발전소나 타 산업체에 미치는 파급 효과도 충분히 분석되고 검토되어야 할 것이다.

3. 발전소 냉각계통의 변경

우리나라에서는 거의 모든 화력발전소는 물론 특히 대용량 원자력발전소들이 관류냉각방식을 취하고 있고, 다량의 냉각수를 공급받기 위하여 모두 바닷가에 세워져 있는 실정이다. 그런데 앞서 살펴본 바와 같이 관류냉각방식은 엄청난 열에너지를 주변 수역으로 방출하게 되고, 이에 따른 주변 해수의 온도 상승이 심각한 문제를 야기하게 된다. 따라서 발전소 냉각계통의 변경을 심각하게 고려할 필요가 있다.

그런데 냉각계통 문제가 거론되면 전력회사와 정부의 관계자들은 한결같이 전세계적으로 바닷가에 위치한 발전소가 거의 모두 관류냉각방식을 채택하고 있다는 점을 지적한다. 이 점에 관해서는 다시 한 번 우리나라 연안의 독특한 상황을 이해할 필요가 있다.

즉 외국의 경우와는 달리 우리나라는 세계에서 유례를 찾기 어려울 정도로 다양한 해양생물을 소중한 자원으로 활용하여 왔다. 연근해에서 나오는 해양생물들을 이용하여 140여 가지 젓갈을 먹는 민족이 우리 민족뿐이고, 연안에서 자라는 해조류를 80여 종이나 식용으로 하는 나라가 우리나라뿐이다. 외국의 바닷가에서는 좀처럼 양식장을 찾기 어렵지만, 우리나라 연안 곳곳에는 각종 해양생물의 양식장과 어장이 형성되어 있다. 한 마디로 우리의 바다는 수산업에 종사하는 주민들의 소중한 삶의 터전이 되고 있다.

그런데 김이나 미역 등 많은 유용한 해양생물들은 낮은 온도에서 자라는 저온성 생물들이며, 많은 어류들은 온도 변화에 민감하여 심지어는 0.05℃ 가량의 미묘한 온도 변화를 감지한다고 알려져 있다(Langford, 1990). 그럼에도 불구하고 온배수를 방출하는 발전소는 계속 바닷가에 세워질 예정이다.

따라서 우리나라의 독특한 상황을 고려해 볼 때, 온배수 문제의 갈등을 최소화하고 소중한 해양생물자원을 우리의 후손들에게 길이 물려주기 위하여 지금부터라도 발전소 냉각계통의 변경을 진지하게 검토할 필요가 있다. 참고삼아 외국에서도 1960년대 이전에 건설된 발전소의 냉각 계통은 거의 전적으로 발전소의 효율적 가동을 위한 최선의 공학적 또는 경제적 해답을 얻기 위한 기준들이 고려되었지만, 1960년대부터 특히 미국을 중심으로 여러 가지 냉각계통이 고안되었다. 이는 환경 법규가 점차 강화되고 생태학적 관심이 고조됨에 따라 주변으로 방출하는 열의 양을 줄이기 위함이었다.

우리나라의 모든 원전은 관류냉각방식(once-through cooling system)을 취하고 있는데, 이 방식은 일회냉각방식 또는 직접냉각방식(direct cooling system)이라고도 부른다. 이 냉각계통은 취수원으로부터 펌프로 올린 냉각수를 복수기 또는 열 교환기로 보내어 여기서 열이 전달되고, 복수기 내에서 증발열을 흡수한 냉각수가 주변으로 직접 방출되는 방식이다.

이 방식은 냉각방식 가운데 가장 간단할 뿐만 아니라 경비 또한 가장 적게 든다는 장점이 있지만, 많은 양의 열 에너지를 주변 수역으로 방출함에 따라 인근 해역에서 수산업에 종사하는 주민들과 끊임없이 마찰을 빚고 있을 뿐만 아니라 궁극적으로 해양생태계의 안정성에 영향을 미칠 수 있다.

관류냉각방식과는 달리 폐열을 주변 환경으로 직접 내보내지 않는 재순환냉각방식(recirculating cooling-water system)은 '폐쇄'(closed), '증진'(enhanced) 또는 '간접'(indirect) 냉각 방식이라 부르기도 한다.

재순환냉각방식은 전세계적으로 세 가지, 즉 냉각수로, 냉각못 또는 냉각탑이 널리 사용되고 있다. 이들 방식의 주요 특징을 살펴보면 다음과 같다.

(1) 냉각수로 또는 냉각운하

많은 발전소에서는 공학적 측면이나 환경적 측면을 고려하여 다양한 길이의 냉각수로(cooling channel) 또는 운하를 건설하고 있다. 이를테면 미국 플로리다주의 Turkey Point 발전소에서는 온배수가 9km 길이의 운하를 거친 다음 인근의 Biscayne 만으로 유입된다.

(2) 냉각못

냉각못(cooling pond)은 온배수가 주변 수역에 도달하기 전에 열을 상실할 수 있는 완충 역할로 이용된다. 폐쇄냉각방식에서 이 연못은 취수원인 동시에 열 방출원으로 이용할 수도 있다. 인공적으로 연못을 비교적 저렴하게 조성할 수 있고, 물을 다시 보충할 필요가 없이 장기간 사용할 수 있다. 한편 주변 수역으로 방출하기 전에 오염물을 감지할 수 있는 저류유역(貯留流域, retention basin)으로도 활용할 수 있다.

그러나 이 방식은 대기로의 열 전달률이 낮아서, 많은 부피의 물을 식히려면 연못의 표면적이 넓어야 한다는 단점이 있다. 완전한 폐쇄 재순환방식의 발전소에서는 발전용량 MW당 2.5~5.0 ha의 표면적이 필요하다. 예를 들어 1,000 MWe 발전소의 경우 복수기에서 재사용할 수 있도록 취수온도를 충분히 낮게 유지하기 위해서는 3,000~5,000 ha의 얕은 연못이 필요하다. 그렇지만 주변 수역으로 방출하기 전에 냉각수의 온도를 2~3℃ 가량 부분적으로 낮추는 용도로만 연못을 이용한다면 그 면적은 훨씬 적어지게 된다. 대부분의 인공 연못은 비교적 얕고, 최소 깊이는 약 1m가 보통이다.

(3) 분무못

분무못(spray pond)은 냉각못 위에서 물보라를 뿜거나 또는 연못의 수면에 분무 노즐을 띄우는 방식이다. 물을 분무시킴으로써 공기와 접촉하는 표면적을 증대시키고 따라서 열손실률을 촉진시키게 된다. 이 방식의 장점으로는 넓은 표면적이 필요하지 않다는 것으로, 냉각못의 약 1/20이면 가능하다. 반면에 분무된 물이 공기와 접촉하는 시간이 짧아 실행에 제한이 따르고 강풍이 불 때 물보라가 흩날리며, 공기로부터 먼지나 부스러기가 유입되어 오염될 소지가 있다는 점 등이 단점으로 지적된다.

(4) 냉각탑

냉각탑(cooling tower)은 목재 또는 콘크리트로 된 수직 구조물로써, 그 내부에는 냉각수가 작은 물방울 또는 엷은 막으로 흩어져서 높은 곳으로부터 탑의 바닥에 있는 집수못

(collecting pond)으로 낙하시키는 다양한 구조물이 있다.

자연통풍 냉각탑(natural draft tower)에서는 냉각탑의 형태와 구조에 의하여 공기의 흐름이 증진된다. 보조통풍 냉각탑(assisted draft tower)에서는 전동 선풍기를 돌려서 공기의 흐름을 촉진시킨다. 자연통풍식과 보조통풍식 냉각탑을 가리켜 습식 냉각탑(wet cooling tower)이라 부른다.

반면에 건식 냉각탑(dry cooling tower)은 냉각 핀 또는 벌집 모양의 금속 구조물로 된 방열기(放熱器, radiator)로 더운물을 보내는 방식으로, 이 경우 냉각수는 공기와 직접 접촉하지 않는다. 따라서 습식 냉각탑의 경우와 달리 건식 냉각탑에서는 증발에 의한 손실이 일어나지 않는다.

최초의 쌍곡 건식탑(hyperbolic dry tower)은 영국의 Rugeley 발전소에서 세워졌다. 영국이나 지상 조건이 적합한 다른 지역에서는 자연통풍식 쌍곡 냉각탑(natural draft hyperbolic cooling tower)이 가장 널리 사용된다. 영국의 내륙에 있는 모든 발전소는 1960년부터 이 방식을 채택하고 있으며, 물이 부족한 지역에서 냉각수를 재순환하여 사용하는데 이용하고 있다. 미국에서는 주변 수역으로 방출하기 전에 온배수를 식히는 환경적 이유로 이러한 냉각탑이 사용된다.

영국의 경우 최근에 건설된 2,000 MWe 화력발전소는 초당 약 65m^{3}의 냉각수가 소요되고, 대체로 8개의 쌍곡 냉각탑이 세워진다. 탑은 약 140m 높이이고, 이와 비슷한 둘레를 가진 집수못이 바닥에 있다. 약 97%의 물이 끊임없이 재순환되고, 2%는 탑에서 증발하며, 1% 가량은 주변으로 방출된다. 따라서 이와 같은 손실을 보충하기 위하여 총 소요량의 3%만을 추출하면 된다. 이렇게 1% 가량의 물을 내보내고 새로 보충하는 이유는 재순환수에 용해 물질이 과다하게 농축되지 않도록 하여 관이나 복수기 내에 물때(scale)가 형성되거나 막히는 것을 방지하기 위함이다.

영국의 발전소에서는 보조통풍 냉각탑이 흔하지 않았지만, 최근 들어 점차 늘어나는 추세를 보이고 있다. 반면에 미국과 습도가 높은 다른 나라들에서는 증발을 통한 열 손실을 효율적으로 유지하기 위하여 공기의 흐름을 증대시키는 보조통풍 냉각탑이 널리 사용되고 있다.

냉각탑은 냉각못 또는 냉각수로와 비교하여 토지의 이용이 적고 냉각 효율이 높다는 장점이 있다. 반면에 단점으로는 자본비와 유지비가 많이 든다는 점을 들 수 있다. 그러나 자연통풍 냉각탑은 보조통풍 냉각탑보다 경비가 훨씬 적게 들며 파손될 염려도 적다. 이들 냉각탑 모두 김이 멀리 퍼져 나가고 국지적이나마 분무가 흩어지면서 약간의 환경 효과를 일으킬 수 있다.

주변 수역으로의 열 손실은 냉각탑을 사용하는 방식이 가장 적어서, 동일한 발전용량의 관류냉각방식의 발전소에서 주변으로 방출하는 열의 약 1%에 불과하다. 즉 2,000 MWe 발전소의 경우 관류냉각방식에서는 초당 약 $65m^3$의 냉각수가 소요되고 또한 그만큼 주변 수역으로 방출되지만(그림 17의 a), 재순환냉각방식 가운데 냉각탑을 예로 든다면 동일한 발전용량이라 할지라도 주변으로 방출되는 냉각수가 관류냉각방식의 약 1%에 불과하다(그림 17의 b). 그 결과 열을 방출하는데 필요한 주변 수역의 부피나 면적이 훨씬 적어지고, 따라서 수온의 상승으로 인한 주변 생태계의 영향이 훨씬 감소한다.

지금까지 살펴본 바와 같이 주변 수역으로 방출되는 열의 양을 줄이기 위한 다양한 재순환냉각방식을 우리나라 연안에 세워진 원전에서 채택함이 바람직하다고 판단되며, 이에 대한 진지한 논의가 활발하게 전개되기를 기대한다. 그렇게 함으로써 수산업에 종사하는 발전소 지역 주민들과의 마찰을 줄여서 안정적으로 전력을 공급하는데 이바지할 수 있고, 나아가서는 발전소 주변 해양생태계의 안정성을 보존하는데 크게 기여할 수 있을 것이다.

그러나 이에 필요한 부지의 확보가 어렵다거나 또는 재순환냉각방식

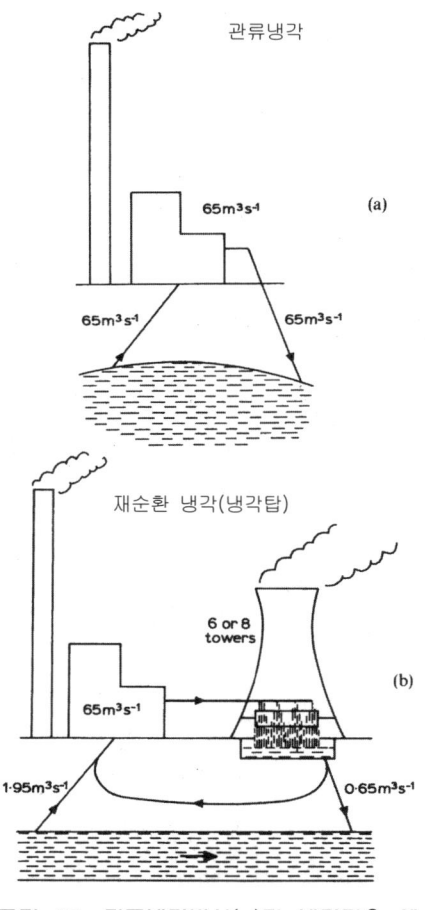

그림 17. 관류냉각방식(a)과 냉각탑을 예로 든 재순환냉각방식(b)의 2,000 MWe 발전소에서 공급되고 방출되는 냉각수의 양을 비교한 그림.

을 도입하는데 소요되는 경비 때문에 현실적으로 불가능하다면, 현재의 관류냉각방식을 다소 수정하는 대안을 강구해 볼 수 있다. 이러한 방안으로는 (1) 복수기를 통과한 냉각수를

배수시키기 전에 부가적인 냉각수로 혼합 희석시키거나, (2) 온배수층의 범위를 줄이기 위하여 분사식 확산기(jet diffuser)나 다공 확산기(multiport diffuser)를 이용하거나, 아니면 (3) 10~30m 수심의 차가운 심층수(深層水)를 취수하여 냉각수로 사용하는 방법 등을 들 수 있다(김, 1983; 김, 2000c).

    물론 이와 같은 대안들이 온배수 확산범위를 줄이는데 효과적이라고 알려져 있지만, 이 역시 새로운 환경변화를 초래할 수 있다는 점에서 세심한 주의가 필요하다. 이와 관련하여 우선 냉각수의 배수 방식 종류와 각각의 물리적 특성을 간략하게 살펴보기로 한다.

    냉각수는 대체로 표층 배수(表層排水)와 심층 배수(深層排水)의 두 가지 가운데 하나의 방식으로 배출된다. 표층 배수는 수면에서 난류(亂流)를 적게 일으키며 느리게 층을 이루면서 배출하는 방식이고, 심층 배수는 대체로 수심이 깊은 곳에서 난류를 많이 일으키며 빠르게 분사시키는 방법이다.

    우리나라 연안에 세워진 모든 발전소에서 채택하고 있는 표층 배수의 경우, 주변 수역과의 혼합이 대체로 불충분하여 수온 상승역이 배출구로부터 상당한 거리에 이르기까지 확장될 수 있다. 수면에서는 증발에 의하여 대부분의 열이 소실되지만, 수면 아래의 수온 상승역은 전도(conduction)에 의하여 열이 확산된다. 반면에 심층 배수, 즉 분사식 확산의 경우 온배수가 배출되는 즉시 주변의 물과 혼합되고, 자연적인 수문학적 특징뿐만 아니라 배출구의 설계, 위치 그리고 구조적 특징에 따라 혼합이 증대될 수 있다. 표층 배수와 심층 배수 방식의 열 분산을 비교하면 표 8과 같다.

표 8. 표층 배수와 심층 배수 방식의 열 분산 비교

	표층 배수	심층 배수
표층수 온도	비교적 높다	비교적 낮다
상대적 혼합 속도	느리다	빠르다
바닥의 온도와 속도에 미치는 영향	변화가 없다	온도와 속도가 중대하게 상승한다
표층의 열 소멸 비율	비교적 높다	비교적 낮고, 많은 열이 수괴에 저장된다
최고 온도에 노출되는 시간*	비교적 짧다	비교적 길다
상대 경비	적다	많다

*최고 온도는 복수기 출구로부터 배출 지점까지의 거리에 따라 좌우된다.(자료 : 김, 2000a)

　　표층 배수 방식은 수온 상승역이 배출구로부터 상당한 거리에 이르기까지 확장될 수 있지만, 한편으로 온배수는 주위의 해수보다 가볍기 때문에 주위 해수의 상층에 부상하고 있는 형태로 확산되어 간다. 결과적으로 배수구로부터 멀리 떨어짐에 따라 온배수 층의 두께는 차츰 얇아지며, 수온의 상승은 해수면 부근에서만 관찰된다. 따라서 배수구에서 멀어질수록 해역의 중간층이나 특히 바닥에 분포하는 생물에 미치는 영향은 적게 나타난다.

　　반면에 심층 배수 방식은 상대적으로 혼합 속도가 빠르기는 하지만 표층에서 열이 소멸되는 비율이 낮기 때문에 비교적 많은 열이 수괴(水塊)에 저장된다. 그러므로 표층 배수의 경우와 달리 중간층이나 특히 배출구 부근의 저층에 분포하는 생물에 심각한 영향을 미칠 수 있다.

　　따라서 냉각계통의 대안을 모색할 때에는 온배수의 확산 범위를 줄인다는 물리적 및 공학적 접근도 중요하겠지만, 무엇보다도 해양생물의 분포 자료에 근거를 둔 환경생태학적 사고가 바탕을 이루어야 한다. 발전소 주변이나 각 해안별로 해양생물의 분포 양상을 충분히 파악하고 특히 중요한 생물자원의 서식 형태를 세밀하게 조사한 다음, 각 배수 방식이 주변 생태계에 미칠 영향을 면밀히 비교 검토하고 피해가 가장 적은 방식을 채택하여 시행하도록 노력하여야 한다.

4. 온배수 이용방안 극대화

원전 온배수 문제를 해결함에 있어서 가장 비중 있게 다루어야 할 사안이 바로 온배수를 적극 활용하는 방안을 다양하게 모색하는 것이다. 기름 한 방울 나지 않는 나라에서 귀중한 열 에너지를 재활용하지 않고 그대로 바다로 흘려 보내고 있는 현실을 하루 빨리 시정할 필요가 있다. 온배수가 지닌 열 에너지를 효과적으로 이용하고 특히 발전소 지역 농어민의 생활 향상에 이바지할 수 있도록 다각적인 대책을 강구하는 시도는 원전 사업의 '윈·윈 전략'이 될 것이라 확신한다.

여기서는 발전소 온배수의 효율적인 이용에 관하여 최근 제시된 몇 가지 안을 소개하고자 한다(김 등, 1999, 2002).

(1) 온배수 이용 양식장 조성
발전소에서 배출되는 온배수를 활용하는 다양한 방법 가운데 최선의 방안은 온배수가 지닌 열 에너지를 이용하여 양식장을 조성하는 것이다. 이는 이미 선진 각국에서 성공적으로 시도되고 있을 뿐만 아니라 우리나라에서도 그 가능성이 충분히 입증되었다.

　발전소에서 배출되는 온배수를 이용하게 되면 효과적으로 어류를 월동(越冬)시킬 수 있을 뿐만 아니라 저수온기에도 성장을 지속시킬 수 있다. 그런데 겨울철의 저수온기에 어류나 무척추동물을 양식하려면 수온을 인위적으로 높여 주어야 하고, 여기에 소요되는 비용이 생산 원가의 상당한 부분을 차지한다. 따라서 온배수를 이용하여 수산생물을 양식하게 되면 육상이나 해면양식에서 성장이 빠른 이점도 있지만, 특히 시설하우스의 가온(加溫) 시설에 들어가는 비용 절감에 크게 기여하는 효과를 거둘 수 있다.

　이의 실행을 위해서는 어류나 패류 또는 해조류 가운데 유용한 수산생물을 대상으로 온배수를 이용하여 성장을 촉진시키는 효과에 대하여 충분한 시험연구를 거치고, 우리나라의 실정에 맞도록 종묘생산 및 양성과정을 거쳐서 양식장을 조성하는 것이 바람직하다. 다만 발전소에서 방출되는 온배수의 방출량, 세기, 수심에 따른 확산정도, 계절에 따른 변화 등 해양환경의 변동을 세밀하게 파악하는 것이 선결 조건이 되어야 한다.

　온배수를 이용하는 양식장은 육상 수조식과 연안 방류 또는 가두리식으로 발전소마다 여건에 맞게 시설할 수 있다. 겨울철 동안의 온배수를 이용한 종묘생산과 양성은 가온 시설의 경비를 줄일 수 있으므로 가격 경쟁면에서 특히 유리하며, 수면적이 일정면적(예 : 1천 평) 이상 확보되면 자체적으로 생산성을 높일 수 있기 때문에 안정적으로 양식장을 운영함으로써 어민들의 소득을 증대시킬 수 있다.

온배수를 이용하는 양식장의 조성은 가장 확실하게 효과를 거둘 수 있는 방안이므로, 원자력발전소는 물론 화력발전소에 이르기까지 온배수를 방출하는 모든 발전소에 대하여 온배수 이용 양식장의 조성을 의무화하도록 법령을 제정할 필요가 있다. 이러한 양식장은 지역협력사업의 일환으로 전력회사가 그 모든 경비를 부담하여 건설하고 기증한 다음 온배수를 무상으로 공급함으로써, 지역 주민들에게 실질적인 혜택이 돌아가도록 하여야 할 것이다.

(2) 바다 공간의 입체적 이용

발전소 배수구에 가까운 해역에서는 해수온도의 증가가 크지만 거리가 멀어질수록 그 차이는 줄어들게 된다. 이와 마찬가지로 동일한 곳에서도 수심에 따라 온도는 차이를 보이는데, 표면에서 수심이 깊은 곳으로 내려 갈수록 온도 증가의 폭은 줄어들게 된다. 따라서 발전소에서 배출되는 온배수의 수심별 수온 차이와 양식하는 종의 특성을 고려하고, 그에 따라 양식 수산물의 양식방법을 달리하는 것도 바람직하다.

양식 해조류의 경우를 예로 들어 볼 때, 발전소의 배수구에 근접한 곳에서는 수심이 깊은 곳에 양식 해조류의 어미줄을 설치하더라도 온배수의 영향을 적게 받는다. 이와 같이 발전소 주변 해역의 수온 상승역에서는 수심을 조절하는 바다 공간의 입체적 이용을 통하여 양식 수산물의 생산성을 높일 수 있다.

(3) 단기간 양식에 의한 양식방법의 효율화 및 차별화

온배수의 영향을 받는 해역에서는 해수 온도가 상승함에

따라 온배수의 영향을 받지 않는 해역에 비하여 겨울이 짧아지고 여름이 길어지는 결과를 가져온다. 따라서 미역의 경우 겨울철에 단기간 양식하는 대신 품종별로 또는 생미역과 염장용으로 나누어 상품의 특성별로 양식함으로써, 생산 효율을 높이고 소비자의 기호에 맞게 생산하는 방법이 효율적이다.

예를 들어 고리원전 주변 해역의 경우, 미역의 수확을 시기에 따라 조기산(11월~12월)과 만기산(11월~2월) 그리고 자연산(10월~4월) 미역의 세 가지로 구분함으로써 각 형태별로 단기간 생산 투자함에 따라 생산성 효율을 높일 수 있다. 이후 5월이나 6월까지는 미역 대신 다시마 양식으로 교체하여 양식장 시설을 효과적으로 이용할 수도 있다.

(4) 해양목장 조성

최근 우리나라 연안은 해양환경 조건의 악화로 수산자원이 차츰 감소하는 심각한 실정에 놓여 있다. 이로 인해 어촌 인구가 감소하고, 생산성이 저해되며, 어민의 소득이 감소하는 등 수산업 전반에 걸쳐 많은 어려움을 겪고 있는 실정이다. 따라서 현재의 여건을 극복하고 나아가서 국제 경쟁력을 갖는 기반을 조성하는 노력이 요구되며, 그 가운데 해양목장 사업은 발전소에서 배출되는 온배수를 이용할 수 있다는 점에서 크게 주목을 받고 있다.

해양목장은 생태적으로 안정된 해양환경을 유지하면서 최대로 지속 가능한 생산(maximum sustainable yield)을 영위하도록 하는 인위적이고 첨단관리형 어업생산 방식이다. 즉 인위적 첨단기술을 도입하여 유전적으로 뛰어난 품종을 개발하고, 인공적으로 생산된 치어나 종패를 방류하여 수산자원을

그림 18. 발전소 온배수 확산해역의 해양목장 조감도.(자료 : 한국수력원자력주식회사)

증대시키며, 인공어초(人工魚礁)나 급이시설(給餌施設) 등의 인공구조물이나 시설물을 이용하여 생산력을 증대하는 등 어장 조성에서부터 환경 제어에 이르는 여러 형태의 기술을 의미한다.

물론 해양목장 사업은 경남 통영 해역과 같이 발전소와 전혀 무관한 자연적인 해역에서도 환경친화적이고 생태보전적으로 시도하는 연안의 자원조성 방안이지만, 발전소 주변 해역은 온배수 방출로 인하여 따뜻한 물을 좋아하는 많은 수산자원을 키울 수 있다는 점에서 주목을 받고 있다. 그림 18은 발전소 온배수 확산해역의 해양목장 조감도를 보여주고 있다.

해양목장 사업의 연구와 시행은 자연생태적으로 나타나는 바다의 사막화 현상에 대한 대책으로도 응용될 수 있다. 최근 우리나라 연안에서는 난류(暖流)인 쿠로시오(Kuroshio) 해류의 세력 확대와 수온 상승에 의해 제주도와 남해안 그리고 동해안에 걸친 광범위한 해역에서 갯녹음 (백화) 현상이 나타나고 기존의 해조숲이 차츰 줄어들고 있다(손 등, 2002). 물론 이와 같이 연안 해역이 풀 없는 바위만 덩그러니 남는 바다의 사막화 현상은 자연적으로 발생하는 것이지만, 우리의 노력 여하에 따라서는 황폐화된 갯녹음 연안을 바다숲으로 복원시킬 수 있다고 믿고 있으며, 특히 전문가들은 길이가 2~6m 되는 대형 갈조류 다시마에 많은 기대를 걸고 있다(그림 19).

그림 19. 2002년 여름에 경북 울진 부근 조하대에서 촬영한 다시마 군락. (사진 제공 : 부경대학교 최창근 박사)

다시마(*Laminaria japonica*)는 일본의 경우 자연 상태에서 북위 40도 이북의 북해도 주변 차가운 해역에서만 자라는 종류인데, 중국에서는 다시마를 수온이 높은 난대역에서 자랄 수 있도록 하는 품종개량 연구를 국가적 사업으로 추진하여 왔다. 그 결과, 겨울철 수온이 10℃에서 13℃까지 올라가는 푸젠(Fujian)성을 포함하여 북위 25도 내외의 화난(華南) 지구에서도 다시마를 양식하게 되었으며, 지금은 이들 난대역에서 중국 전체의 약 1/3에 달하는 다시마를 양식하고 있다

(Wu, 1998). 이와 같은 사례에서 볼 수 있듯이 수온이 높은 온배수 확산역에서 해조숲을 조성하여 해양목장을 조성하는 기술이 성공을 거둔다면, 갯녹음 현상이 나타나는 다른 해역에도 이를 확대 적용할 수 있을 것이다.

그러므로 발전소 주변 해역의 해양목장 조성은 온배수가 지닌 열 에너지를 재활용한다는 맥락에서 그 의의와 중요성이 강조되고 있다. 여기에서 얻어지는 결과는 국민 식생활 측면에서 식량 확보의 수단으로 활용할 수 있으며, 나아가서는 훼손된 자연생태계를 복원하는데 공헌할 수 있는 잠재력을 갖고 있다고 믿는다. 따라서 원자력발전소는 물론 연안에 세워진 모든 화력발전소 역시 해양목장 사업의 시행 가능성을 연구하고 추진하도록 적극 권장하는 바이다.

(5) 온배수를 이용한 해양생태 공원 조성

마지막으로 원전 주변 주민들은 물론이고 일반 국민들에게 원전 온배수의 실체를 이해시키고 흥미와 관심을 유발할 수 있는 '온배수 해양생태 공원'을 조성하는 것도 바람직할 것이다. 즉 그림 20에 제시한 바와 같이 바다라는 환경자원을 체험 방식인 6개의 주제 공원으로 구성하여 관련시설을 한 곳에 모으고, 와서 보고 즐기며 믿음과 희망을 가질 수 있는 테마 파크를 조성해 보면 좋을 것이다.

이와 같은 해양생태 공원의 조성은 일반 국민들에게 온배수가 갖는 환경생태적 특성을 이해시키고 온배수를 이용 가능한 또 하나의 자원으로 인식시키는데 기여할 수 있을 것이며, 지금까지 열거한 여러 온배수 이용 방안들을 실제로 확인할 수 있는 체험적 공간이 될 수 있다. 특히 최근 주 5일 근무제

그림 20. 온배수를 이용하여 해양생태 공원을 조성하는 안. (자료 : 김 등, 2002)

시행과 함께 전국적으로 생태체험관광이 각광을 받고 있는 추세이므로, 원전의 해양생태 공원을 포함하여 원전 주변 지역의 명승지를 연계하는 관광 프로그램을 개발하면 지역 경제에도 도움이 될 수 있을 것으로 본다.

5. 온배수 전문 조사기관 설립

지난 10여 년간 국내의 4개 원전 주변을 대상으로 원전에서 배출되는 온배수가 주변 해역에 미치는 영향을 조사하고 있는 한국전력공사 전력연구원이 우수한 인력을 확보하고 많은 예산을 투입하면서도 조사결과의 객관성을 널리 인정받지 못하고 있는 점은 안타까운 일이 아닐 수 없다. 이는 무엇보다도 원전 온배수 영향 조사의 주체가 바로 전력을 생산하는 회사의 소속 기관이라는데 문제점이 있다고 본다.

따라서 해양생태계의 안정성을 유지하면서 전력을 안정적으로 생산 공급하는 중대한 국가적 과제를 무난하게 달성하기 위해서는 새로운 대안을 모색함이 바람직하다고 판단된다. 즉 학계는 물론 일반 국민이 납득할 수 있고 신뢰할 수 있도록 원전 온배수의 확산 범위와 해양생태계에 미치는 영향에 관해 투명하고 공정하게 조사 연구할 수 있는 원전 온배수 전문 연구기관의 설립이 요구된다. 이는 전국 각지에서 일어나는 온배수 문제의 갈등을 해소하면서 앞으로 안정적인 전력공급과 환경보전을 추구하는데 크게 이바지할 수 있을 것으로 기대된다.

특히 20세기 후반부터 우리나라에서 뜨거운 감자로 떠오른 원전 온배수 문제를 전문적으로 조사 연구하는 기관은 조사와 연구결과의 객관성을 확보하기 위하여 전력을 생산하는 회사와는 독립적으로 설치 운영되어야 한다. 보다 구체적으로 원전 온배수 전문 연구기관은 국무총리 직속 또는 산업자원부 산하의 정부출연 연구기관으로 설립됨이 가장 바람직하며, 차선책으로 재단법인의 형태를 지녀도 무방하리라고 본다.

현재 이와 비슷한 성격으로 국내에서 설립 운영되고 있는 연구기관으로는 환경부 산하의 정부출연 연구기관인 한국환경정책평가연구원(홈페이지 www.kei.re.kr)을 들 수 있으며, 일본의 재단법인 전력중앙연구소(홈페이지 criepi.denken.or.jp) 역시 좋은 사례라고 판단된다.

원전 온배수 조사 전담기구의 설치와 관련하여 기구의 설립 목적과 기능 그리고 바람직한 세부조직을 살펴보기로 한다.

가. 온배수 전문 조사기관의 설립 목적

원전 온배수 전문 연구기관은 원자력발전소에서 배출되는 온배수와 관련된 정책 및 기술의 연구 개발을 통하여 환경문제를 해결하고, 전문적이고 투명한 영향평가 체계의 확립을 통하여 자연환경의 보전과 안정된 전력생산의 조화를 모색하는 총괄적인 전문 연구기관으로서의 역할을 수행함을 목적으로 설립되도록 한다.

나. 온배수 전문 조사기관의 주요 기능

원전 온배수 전문 연구기관의 주요 기능을 대별하면 다음과 같다.

1) 가동 중인 원전 주변 해역의 해양환경 조사

가) 발전소 주변 해역의 온배수 확산역 조사
가동 중인 원전에서 배출되는 온배수의 확산역을 실측 조사와 비행기나 인공위성을 이용한 원격 탐사(remote sensing)를 통하여 주기적으로 측정 감시한다.

나) 발전소 주변 해역의 해수 유동 및 기타 해양물리 조사
발전소 주변 해역의 해수 유동(유향, 유속, 조석 등) 및

기타 해양물리학적 조사를 수행한다.

다) 발전소 주변 해역의 해양수질 및 퇴적물 조사
발전소 주변 해역의 해양수질(수소이온농도, 부유물질, 용존산소, 잔류염소, 영양염류, 화학적 산소요구량 등) 및 퇴적물 조사를 수행한다.

라) 발전소 주변 해역의 해양생물 조사
발전소 주변 해역의 동·식물플랑크톤, 저서동물, 해조류, 어류 등 해양생물의 종조성과 현존량 조사 및 취수구 스크린에 충돌하는 생물체와 냉각계통에 연행(entrainment)되는 생물체의 생태적 조사를 수행한다.

마) 온배수가 양식 수산물에 미치는 영향 조사
해양생물을 대상으로 하는 주기적 생태 조사와는 별도로, 발전소 주변의 양식 어패류나 해조류 등 유용 수산물에 미치는 온배수의 영향을 집중 조사 연구한다.

2) 건설 중이거나 특히 계획 중인 후속기의 온배수 확산 범위 예측
건설 중이거나 특히 계획 중인 원전 후속기의 온배수 확산역을 객관적이고 합리적인 모델링 기법으로 예측하고 평가한다.

3) 원전 후속기의 온배수 영향 저감방안 연구
원전 후속기를 대상으로 냉각탑, 냉각수로 또는 냉각못의

설치 및 분사식 확산기 또는 다공 확산기의 사용 등 우리나라의 실정에 적합한 온배수 영향 저감방안을 연구하고 실용화하도록 추진한다.

4) 온배수의 효율적 이용방안 극대화 연구
온배수 이용 어패류 양식장을 국내의 모든 원전에 적용하고, 온실이나 원전 주변 해역의 해양목장 조성 및 생태공원 조성 등 다각적으로 온배수를 활용하는 방안을 연구하고 실용화하도록 추진한다.

다. 온배수 전문 조사기관의 세부조직

원전 온배수 전문 연구기관의 바람직한 세부 조직은 표 9에 보인 바와 같다.

먼저 원전 온배수 전문 연구기관에는 가동 중인 원전 주변 해역의 해양환경 조사를 수행할 수 있도록 해양물리연구부, 해양화학연구부 및 해양생물연구부를 두고 각 부서에서 원전 온배수 영향 조사를 실시하도록 한다. 이와는 별도로 원전 후속기의 온배수 영향을 저감시킬 수 있는 방안을 연구하는 팀을 해양물리연구부에 두도록 한다.

한편 온배수 이용의 극대화를 위한 각종 방안을 연구하고 적용할 수 있도록 온배수이용연구부를 두고 이미 영광원전이나 월성원전에 조성된 어패류 양식장과 같은 시설을 국내의 모든 원전에 적용할 수 있도록 연구할 뿐만 아니라, 온실이나 원전 주변 해역의 해양목장 조성 및 배수구 주변의 해양생태공원 조성 등 다각적으로 온배수를 활용하는 방안을 강구함이

표 9. 원전 온배수 전문 연구기관의 예상 조직 및 주요 업무

부서	세부조직	주요업무
연구기획실	· 기획팀 · 정책팀 · 자료관리팀	· 연구 전반에 걸친 기획조정 · 온배수 정책 연구 · 자료 관리
해양물리연구부	· 해양물리조사팀 · 온배수확산역 모델링팀 · 저감방안 연구팀	· 원전 주변 해양물리학적 특성 조사 · 온배수 확산역 모델링 · 온배수 영향 저감방안 연구
해양화학연구부	· 해양수질조사팀 · 해양퇴적물조사팀	· 원전 주변의 해양수질 조사 · 원전 주변의 해양퇴적물 조사
해양생물연구부	· 식물플랑크톤팀 · 동물플랑크톤팀 · 해조류팀 · 저서동물팀 · 어류팀	· 원전 주변의 식물플랑크톤 조사 · 원전 주변의 동물플랑크톤 조사 · 원전 주변의 해조류 조사 · 원전 주변의 저서동물 조사 · 원전 주변의 어류 조사
온배수이용연구부	· 수산물양식연구팀 · 해양목장연구팀	· 온배수 이용 수산물 양식 연구 · 원전 주변해역 해양목장 조성 연구
행정실	· 총무과 · 관리과 · 예산회계과	· 각종 행정 업무

바람직하다.

그밖에 연구 전반에 걸친 기획조정, 온배수 정책 연구 및 각종 자료의 관리 및 database화를 추진할 수 있도록 연구기획실을 두고, 각종 행정 업무를 지원할 수 있는 행정실이 필요할 것이다.

원전 온배수 전문 연구기관에는 관련 분야의 연구경험이 풍부한 박사급 전문 연구인력을 확보하여야 할 것이며, 특히 기존의 산업자원부 고시에 따라 오랜 동안 원전 주변의 해양환경 조사를 수행하면서 각종 know-how를 풍부하게 축적한

한국전력공사 전력연구원 방사선환경그룹의 연구진 일부를 흡수함이 바람직하다고 본다.

　　이렇게 원전 온배수 전문 연구기관이 독립적으로 설립되어 운영된다 하더라도 이제까지 원전 온배수 영향 조사를 수행한 한국전력공사 전력연구원 해양조사팀은 현재대로 존속함이 필요하다고 판단된다. 왜냐하면 국내의 4개 원전 부지뿐만 아니라 전국의 연안에는 20여 개 부지에 온배수를 방출하는 화력발전소가 세워져 있음에도 불구하고 각 발전소마다 온배수가 해양환경에 미치는 영향을 연구할 수 있는 전문 인력이 거의 전무한 실정이기 때문이다. 그러므로 전력을 생산하는 회사 소속의 유일한 온배수 영향 연구부서인 전력연구원 해양조사팀의 존속은 필수적이라고 본다. 오히려 현재의 전력연구원 해양조사팀의 연구진과 분야를 대폭 확충함으로써 장차 국내 각 연안에 세워진 화력발전소에서 야기되는 온배수 관련 환경문제에 보다 능동적으로 대처함이 절실히 요구된다.

6. 정부내 온배수위원회 설치

　　우리나라에는 노사간의 갈등을 해소하여 산업 평화를 도모하고 국민 경제의 균형 있는 발전에 이바지함을 목적으로 하는 '노사정위원회'가 설치되어 운영되고 있다. 즉 근로자와 사용자 및 정부가 신뢰와 협조를 바탕으로 노동정책 및 이와 관련된 사항을 협의하고 대통령의 자문에 응하게 하기 위하여 '노사정위원회의 설치 및 운영 등에 관한 법률'(법률 제 5,990호, 1999. 5. 24.)이 제정되었다.

노사정위원회는 대통령 소속 하에 두며, 근로자, 사용자와 정부를 대표하는 위원들과 학식과 경험이 풍부한 자 중에서 공익을 대표하는 위원들로 구성되어 있다. 지난 수년간 노사정위원회는 우리나라의 각종 민감한 노사 문제에 대하여 서로 머리를 맞대고 논의하여 해법을 모색하여 왔다.

노사 문제와 비슷하게 원자력발전소의 신규 건설이나 원전의 운영에 차질을 빚을 정도로 예민한 온배수 문제를 더 이상 이해 당사자만의 문제로 방치하지 말고 정부가 직접 나서서 해결해야 한다. 즉 전국 각지에서 일어나는 온배수 문제의 갈등을 해소하면서 21세기에 안정적인 전력 공급과 환경 보전을 추구하고 협의할 수 있도록 정부 안에 이른 바 '온배수위원회'를 설치하고 운영할 것을 제안한다.

이 위원회에는 정부, 사업자, 학자 그리고 주민의 대표가 위원으로 참여함이 바람직하며, 위원장과 상임위원 각 1인을 포함하여 20인 이내의 위원으로 구성할 것을 제안한다. 노사정위원회가 대통령 직속으로 되어 있듯이, 온배수 문제가 중요한 국가 차원의 환경문제인 만큼 이 온배수위원회도 대통령 직속으로 두거나 아니면 국무총리 소속 하에 두는 것이 바람직하다고 본다. 혹시 필요하다면 온배수위원회 내에 사안에 따라 특별위원회 또는 소위원회를 둘 수도 있을 것이다.

물론 온배수 문제의 갈등을 해소하는데 있어서 원자력법 제5조에 의거 1997년 7월에 설치된 과학기술부 산하 '원자력안전위원회'를 활용하거나 그 역할을 확대시키는 방안을 검토해 볼 수도 있을 것이다.

그렇지만 1996년에 원자력법과 그 시행령이 개정되면서 과학기술부에서는 원자력발전소 주변 환경 문제에 대하여 방사능 이외에는 큰 관심을 갖고 있지 않으며, 과학기술부장관 소속의 '원자력안전위원회'는 원자력 안전에 관한 중요사항을 심의 의결하는 기능을 갖고 있다. 특히 이 위원회의 원자력안전 전문분과(원자로계통분과, 방사선방호분과, 부지 및 구조분과, 정책 및 제도분과, 방재 및 환경분과) 가운데 환경 분야를 다룰 수 있는 유일한 분과인 '방재 및 환경분과' 역시 주로 방사능 환경만을 다루고 있는 실정이다.

따라서 과학기술부 산하 원자력안전위원회와 같은 기존의 정부 내 위원회와는 별도의 기구로 온배수 문제를 전담하는 위원회가 정부 안에 설치되어야 한다고 확신한다. 이 온배수 위원회의 설치와 운영을 통하여 대화와 타협으로 각종 온배수 문제를 슬기롭게 헤쳐 나갈 수 있으며, 이는 21세기 우리나라의 안정적인 전력 공급과 환경 보전을 추구하는데 크게 이바지할 것으로 기대된다.

7. 온배수연구회 설립

원자력발전소는 중요한 국가보안시설인 탓에 일반인의 접근이 철저하게 통제되어 있다. 뿐만 아니라 국내 원자력발전소에서 배출되는 온배수의 영향을 조사하는 연구인력은 매우 제한되어 있으며, 그나마 연구 결과의 발표는 한정된 부수로 제작되는 조사보고서의 형태가 주를 이루고 있어서 일반인은 물론 전문 학자들 역시 온배수 관련 각종 연구 결과에 접근하기가 수월하지 않다.

온배수 관련 현안을 살펴 볼 때, 먼저 수온의 상승역이 발전소로부터 과연 어느 정도까지 멀리 확산되는가 하는 문제를 들 수 있다. 그런데 발전소가 위치한 해역의 다양한 수문학적 특성과 복잡한 해황 조건에 따라 온배수 확산역이 일정한 양상을 보이지 않고, 따라서 온배수 확산역의 규모가 조사기관과 조사방법에 따라 큰 차이를 보이고 있음은 주지의 사실이다.

한편 온배수 관련 현안의 다른 한 가지로 양식이나 어업 대상 주요 해양생물들에 악영향을 미칠 수 있는 수온의 상승이 과연 어느 정도인가 하는 문제를 들 수 있다. 그렇지만 과연 어느 정도의 수온 상승이 주요 수산물에 악영향을 미치는지에 대하여는 학계에서조차도 이론의 여지가 많을 뿐만 아니라, 어느 정확한 임계 상승온도를 정하는 문제는 결코 간단한 문제가 아니다.

바로 이러한 점 때문에 원전 온배수 관련 민원의 해결책을 찾는데 어려움이 따르고 있으며, 이는 나아가서 전력을 생산하는 회사측과 피해를 주장하는 어민들간에 불신을 초래하는 계기가 되고 있다고 하여도 지나침이 없다. 더구나 온배수 영향을 조사하는 연구기관이나 학자들이 사업자와 주민들의 틈바구니에 끼어서 편가르기에 휘말려 있는 점이 매우 안타까운 실정이 아닐 수 없다.

이러한 배경 아래 전력을 생산하는 회사나 발전소 인근 주민들은 물론 나아가서는 학계와 정부의 모든 관계자가 두루 신뢰할 수 있도록 원전 온배수 확산역과 온배수가 해양생물에 미치는 영향을 투명하고 공개적으로 발표하고 토의하는 연구의 장이 마련되어야 한다는데 전문가들의 의견이 모아졌다. 특히 2002년에 원전 온배수 문제와 관련하여 각계 각층의 전문가들이 참석한 가운데 두 차례 개최된 공청회에서도 많은 참석자들이 온배수를 연구하는 모임의 설립 필요성에 동감하였다. 이에 힘입어 관련 전문가들이 수 차례 모임을 갖고 협의한 끝에 2002년 9월에 온배수연구회가 설립되었다.

이 온배수연구회는 첫째로 온배수와 관련하여 해양물리, 해양화학 및 해양생물의 다양한 분야에 걸친 연구 결과를 공개적으로 발표하고 토의하는 장이 될 것이고, 둘째로 온배수 영향의 저감 방안과 온배수의 효율적 이용 방안을 다각적으로 모색함으로써 온배수 문제의 갈등을 해소하면서 안정적인 전력 공급과 환경 보전을 추구하는데 이바지할 수 있도록 바람직한 대안을 마련하여 제시하는 전문적인 창구 역할을 담당하게 될 것이며, 나아가서는 향후 열 생태학(thermal ecology)을 전문적으로 다루는 전문 학회로 발돋움하는 기반이 될 것으로 기대된다. 참고삼아 온배수연구회의 각종 자료를 부록 2에 수록하였다.

이와 같은 공개적인 연구 모임에서 국내의 온배수 관련 전문가들이 한 자리에 모여 머리를 맞대고 지혜를 모은다면 온배수 피해 보상 범위 설정과 같이 온배수와 관련한 각종 현안이나 온배수의 효율적 이용 등 각종 사안들을 연구하여 미래지향적이고 우리의 실정에 맞는 합리적인 대책을 마련할 수 있을 것으로 예상한다.

결론적으로 온배수와 관련한 모든 학술정보가 온배수연구회와 같은 연구 모임을 통하여 공개되면서 투명하게 논의되어야 비로소 상호신뢰를 바탕으로 21세기 우리나라의 원전 사업이 원만하게 진행될 것으로 확신한다.

VI. 맺는말

　　1978년 4월에 고리원자력 1호기가 최초로 상업운전을 개시한 이래 우리나라의 원전사업은 눈부신 성장을 거듭하였다. 2002년 12월에 영광원자력 6호기가 준공됨에 따라 우리나라는 현재 총 18기의 원자력발전소가 운전 중에 있으며, 원전 설비용량은 총 1,572만 kW로 국내 총 발전설비용량의 약 29.2%를 점유하게 되었고 원전 설비용량 기준으로 세계 6위의 원전 보유국가가 되었다.
　　원자력은 저렴한 핵연료를 이용하여 대량 발전을 할 수 있는 기술집약형 에너지원이며, 석유와 석탄 등 발전연료의 수입대체 효과가 크기 때문에 각광을 받고 있다. 화석연료의 과다 사용에 따른 지구온난화 문제와 석유 공급 불안과 같은 국제적 상황을 고려해 볼 때, 연 평균 10% 이상의 전력수요 상승을 기록하고 있는 우리나라로서는 대체 에너지 이용의 획기적인 기술 개발이 이루어지지 않는 한 원자력발전소의 건설과 가동이 불가피한 선택이라고 간주된다.
　　그러나 원전사업은 국가적 중요성에도 불구하고 방사선과

온배수라는 두 가지 중요한 환경문제를 안고 있다. 이 가운데 원전의 방사능 문제가 비현실적인 불안감에서 비롯된 거부 반응으로 나타나고 있는 반면, 온배수 문제는 실제로 인근 주민들의 작고 큰 집단 행동, 피해 보상 소송과 보상액 지급 등이 지루하게 반복되는 현실적인 문제로 대두되고 있다. 나아가서 이와 같은 파문은 후속기 건설 사업의 추진이나 신규 원전의 부지 확보를 매우 어렵게 만드는 요인이 되고 있는 실정이다. 게다가 발전소에서 온배수가 방출되어 주변 해역으로 열 에너지가 연속적으로 첨가되면 주변 해양생물군집의 구성양식을 변모시키고 해양생태계의 미묘한 균형을 깨뜨림으로써 종국에 가서는 생태계의 안정성이 교란 받을 가능성을 배제할 수 없다.

온도 조건에 관한 한 바다는 육지와 비교하여 볼 때 매우 일정하고 평온한 환경이라 할 수 있으며, 해양생물은 장구한 세월에 걸쳐 이와 같이 매우 안정된 바다의 온도 조건에 적응하며 진화되어 왔다. 따라서 온도의 변화가 해양생물이나 해양생태계에 미치는 영향은 우리가 예상하는 온도 변화의 폭보다 훨씬 좁은 범위에서도 큰 효과를 발휘할 수 있고, 바로 이 점이 발전소 온배수 문제의 바탕이 되는 것이다. 더구나 지구온난화에 따라 자연적인 해수의 온도가 상승하는 현실에서 엄청난 양의 온배수가 계속 방출된다면 예측하기 어려운 상승작용을 나타낼 가능성을 배제할 수 없다.

따라서 국가적으로 중요한 원전사업의 추진에 크나큰 걸림돌이 되고 경우에 따라서는 연안 환경에 심각한 영향을 줄 수 있는 온배수 문제를 슬기롭게 풀어나갈 과제가 우리 앞에 놓여 있다. 전력의 안정적인 공급도 당연히 중요하지만, 한편으로 해양생태계의 안정성을 보전하고 수산자원을 보호하는 일 역시 이에 못지 않게 중요하다는 사실을 깊이 인식할 필요가 있다. 급증하는 전력 수요에 대비하여 안정적으로 전력을 공급하는 한편, 원전 주변의 수산업을 보호하고 나아가서는 우리의 소중한 해양생태계를 보전할 수 있도록 합리적인 방안을 강구하는데 우리 모두의 지혜를 모아야 할 것이다.

물론 '환경이 우선인가 경제가 우선인가' 등의 문제가 끊임없이 제기되었듯이 환경 문제와 경제 문제는 항상 이율 배반적으로 대립되었지만, 환경친화적 원전의 운영은 곧 국가적 차원의 해양환경 보전에도 보탬이 될 것으로 기대된다. 이를 위해서는 무엇보다도 온배수 문제를 바라보는 다양한 계층의 의식 구조에 변화가 있어야 할 것이다.

먼저 원전사업이 국가적으로 중요한 사업인 만큼 정부는 발전소 온배수 문제를 이해 당사자만의 문제로 방치하지 말고 직접 나서서 해결하려는 강력한 의지를 보여야 한다. 원전 주변 해양환경 및 피해 조사방법을 표준화하고 온배수 배출기준을 제정하며, 온배수 전문 조사기관을 설립하여 객관적으로 환경조사를 실시하도록 하고, 나아가서는 정부 내에 온배수위원회를 설치하여 예민한 사안을 협의 조정하도록 적극적인 자세를 보여야 한다.

전력회사는 온배수의 부정적인 요소를 과감하게 저감시키거나 최소화시키는 한편, 긍정적인 요소는 적극 개발하는 노력을 기울여야 한다. 즉 냉각계통의 변경을 심도 있게 연구하여 시행하고, 온배수 이용방안을 극대화하도록 모든 노력을 경주하여야 한다. 설계 단계부터 발전소의 건설과 가동이 주변 환경에 미치는 영향을 최소화시키는 방안이 적극 반영되고, 나아가서 발전 업무에 종사하는 모든 구성원들이 앞장서서 환경을 지키겠다는 환경 마인드를 지녀야 비로소 진정한 의미의 환경친화적 발전소라 할 것이다.

한편 발전소 지역 주민들은 목전의 이익에만 집착하지 말고 대승적인 시각에서 온배수 문제 해결에 협조하는 자세를 보여 줄 필요가 있다. 집단행동만이 능사는 아니며, 전문가의 의견을 존중할 줄 아는 성숙한 시민의식을 가지고 해법 모색에 적극 동참하는 것이 바람직하다.

결론적으로 금세기 우리나라의 전력생산이 원자력발전에 걸려 있다면 온배수 문제 해결을 최우선적으로 다루어야 하며, 지금부터라도 환경 마인드에 기반을 둔 정부의 과감한 정책과 전력회사의 적절한 대책 수립이 요망된다. 바로 지금이야말로 연안 환경 보호를 축으로 하는 지속 가능한 원전사업 전략을 수립함으로써 국가 백년대계를 세우는 노력이 필요한 때이다.

참고 자료

강제원, 고남표. 1977. 해조양식. 태화출판사, 부산. 294 pp.

김영환. 1983. 원자력발전에 수반되는 온배수의 방출이 주변 해양생태계에 미치는 영향 연구. 한국에너지연구소 기술현황분석보고서, KAERI/AR-171/83. 77 pp.

김영환. 1999a. 원자력발전소의 건설과 가동이 저서 해조류에 미치는 영향. 환경생물학회지 17 : 379-387.

김영환. 1999b. 온배수와 해양환경영향. 제 5 회 원전환경 Workshop 논문집, pp. 179-206, 한국전력공사.

김영환. 2000a. 발전소 온배수와 해양생태계. 전파과학사, 서울. 259 pp.

김영환. 2000b. 원전 주변의 해양 생태환경 조사결과. 제 6 회 원전 환경관리 세미나 발표자료, pp. 145-178, 한국전력공사 원자력사업단.

김영환. 2000c. 온배수와 해양생태계. 2000 UTEG 기술세미나 (환경관리 및 영향조사) 자료집, pp. 71-88, 한국전력공사 전력연구원.

김영환, 김형근, 오윤식. 1999. 원전 온배수에 의한 해저식물의 영향 연구 (최종보고서). 한국전력공사 전력연구원, '99 전력연-단526. 194 pp.

김영환, 유종수. 1992. 서해안 영광원자력발전소 주변의 해조식생. 환경생물학회지 10 : 100-109.

김영환, 이정호. 1980. 고리원자력발전소 주변 해조류에 관한 연구 1. 1977~1978년의 해조군집의 변화. 식물학회지 23 : 3-10.

김영환, 허성회, 문창호, 김형근. 2002. 원전 온배수 문제의 종합대응방안 수립을 위한 연구 (최종보고서). 한국수력원자력주식회사, NHO0-01S0024. 193 pp.

김홍기, 김영환. 1991. 한국 3개 원자력발전소 주변 해조군집. 조류학회지 6 : 157-192.

대한전기협회. 2002. 전기연감(2002년판). 대한전기협회. 967 pp.

민병서. 2000. 버리면 열폐수, 이용하면 온배수 : 어업인 이용 확대 방안 마련돼야. 수산양식 10월호. pp. 114-116.

산업자원부, 한국수력원자력주식회사. 2002. 원자력발전백서 (2002년). 산업자원부, 한국수력원자력주식회사.

손철현, 김형근, 한현섭. 2002. 바다 암초생태계의 세계 - 갯녹음 연안을 바다숲으로. 청문각, 163 pp.

오근배. 2002. 기후변화에 대처하는 원자력의 역할. 원자력안전 심포지엄 2002 발표자료, pp. 43-58, 한국수력원자력주식회사.

오윤식, 이인규, 부성민. 1990. 한국산 유용해조 특히 식용, 약용 및 공업용 해조에 대한 주해. 조류학회지 5 : 57-71.

통계청. 2001. 국제통계연감(2001년). 통계청. 521 pp.

한국수력원자력주식회사. 2002. 또 하나의 자원 원전 온배수 이용. 한국수력원자력주식회사, 2002-0500-단0002. 156 pp.

한국전력공사 전력연구원. 2002. 영광원자력발전소 주변 일반 환경 조사 및 평가 보고서 (2001년보). 한국전력공사 전력연구원, '02전력연-단112. 293 pp.

해양수산부. 2000. 해양수산통계연보(2000년판). 해양수산부. 1422 pp.

해양수산부. 2002. 항만 공사관련 어업권 피해조사 지침(안). 해양수산부. 64 pp.

환경부. 2000. 환경통계연감 제13호 (2000년). 환경부. 622 pp.

Langford, T.E.L. 1990. *Ecological Effects of Thermal Discharges*. Elsevier Applied Science, London and New York. 468 pp.

Wu, C.Y. 1998. The seaweed resources of China. pp. 34-46. In, Critchley, A.T. and M. Ohno (eds), *Seaweed Resources of the World*. Japan International Cooperation Agency, Yokosuka.

<부록 1> 한국수력원자력주식회사에서 2002년 1월에 자체 제정한 원자력발전소 주변 환경조사지침

원자력발전소 주변 환경조사지침

제1조 (목적) 이 지침은 원자력발전소 가동이 주변환경에 미치는 영향을 장기적으로 조사하는데 필요한 세부적인 사항을 정함을 목적으로 한다.

제2조 (적용범위) 이 지침은 가동중인 원자력발전소 주변의 환경조사에 적용한다. 다만, 방사능 분야의 환경조사는 과학기술부 장관이 따로 정하는 바에 따른다.

제3조 (조사항목 및 조사빈도) 다음 각호에 정하는 바에 따르되 계절별 조사는 매년 2월, 5월, 8월 및 11월에 실시하는 것을 원칙으로 하며 기상악화 등으로 불가피할 경우 시기를 조정하여 실시할 수 있다.

   1. 해양물리적 조사

      가. 원전 주변해역의 수온, 염분, 투명도, 해수유동(유향, 유속, 조석, 조위 등), 냉각수 취수량 및 기상상황(기온, 습도, 풍향, 풍속 및 강우량)을 계절별로 조사

나. 취·배수구와 주변해역의 대표지점에서 수온 연속조사 (취·배수구가 다수인 발전소는 대표 취·배수구를 선정하여 조사)

다. 취수수로 또는 취수수로 주변의 유속 분포를 반기별로 조사

2. 해양화학적 조사

가. 취·배수구에서 해수의 수소이온농도(pH)·부유물질(SS)·용존산소(DO)·잔류염소는 월별로, 영양염류·화학적산소요구량(COD)은 계절별로, 기타 특정 유해물질 및 중금속(구리, 크롬 등)은 반기별로 조사

나. 취·배수구에서 해양저질의 강열감량·입도조성·중금속 등에 대하여는 계절별로 조사

3. 해양생물적 조사

가. 동·식물 플랑크톤(엽록소량 포함), 저서동물, 해조류, 어류 등의 종조성 및 현존량에 대해서 계절별로 조사

나. 취수구 스크린에 충돌하는 생물체의 종류, 수, 무게와 냉각계통에 흡입되는 생물체의 종류 및 수에 대해서 계절별로 조사

4. 육상생물적 조사

  가. 육상 생태계중 희귀종 및 지표종 등 주요 종의 종류, 수 또는 양, 분포상태에 대하여 4년 주기로 조사

  나. 원전별 특정 육상 식물을 선정하여 종별 수, 양 또는 분포 상태에 대하여 매년 조사

5. 수산물 생산량 조사

공공기관에서 발행하는 통계자료를 근거로 원전 소재지 시·군별 주요 수산물 생산 및 어획고를 매년 조사

제4조 (조사방법) ①제3조의 조사는 해양수산부장관이 고시하는 해양환경공정시험방법에 따르되, 동 고시에 규정되지 않은 사항에 대하여는 환경부장관이 고시하는 수질오염공정시험방법 또는 국제적으로 통용되고 있는 방법을 따른다.

②원자력발전소가 위치한 지역을 관할하는 지방자치단체장 (시장, 군수 등) 또는 환경관리청장의 요구가 있을 경우에는 합동조사를 할 수 있다.

③어업피해조사가 진행되는 발전소의 해당기간 중 환경조사는 가급적 피해조사결과 자료를 이용하여 조사의 중복을 피한다.

제5조 (조사범위 및 조사지점) ①취·배수구 외에 조사지점이 명시되지 않은 항목은 배수구로부터 반경 8km범위에 대하여 10개 이상의 지점을 선정하여 조사를 실시한다.

②육상환경은 발전소로부터 반경 10km범위에 대하여 3개 이상의 지점을 선정하여 조사를 실시한다.

제6조 (조사결과의 관리) 이 지침에 따른 조사결과를 해당 조사년도 다음해 3월까지 년간 보고서를 통하여 분석·평가하며, 별도로 5년, 10년, 20년 주기로 장기적 환경변화에 대한 종합보고서를 발간한다.

제7조 (조사결과의 열람) 원자력발전소가 위치한 해당지역 주민이 이 지침에 의한 조사결과의 열람을 요구할 경우 특별한 사유가 없는 한 협조한다.

제8조 (시행일) 이 지침은 2002. 1. 1부터 시행한다.

2002. 1.

<부록 2>

온배수연구회 소개

온배수를 연구하는 전문가들을 중심으로 온배수 문제의 합리적인 해결책을 모색하는 연구의 장이 마련되어야 한다는 데 공감대가 마련되어, 오랜 논의 과정을 거친 결과 2002년 9월 27일에 부경대학교에서 온배수연구회의 창립총회가 개최되었다. 여기서는 온배수연구회의 설립 배경, 창립발기문, 회칙 등 온배수연구회의 각종 자료를 안내하고자 한다.

1. 설립 배경 및 과정

1970년대부터 급진적으로 우리 사회에 밀려온 산업화의 물결은 필연적으로 대용량 발전소의 건설을 요구하게 되었고, 화력발전소나 원자력발전소가 연안에 건설되고 다량의 해수를 냉각수로 이용하면서 발전소 온배수가 새로운 환경 문제로 대두되었다. 그간 발전소에서 배출되는 온배수가 주변 해역의 생태계와 수산업에 미치는 영향에 대한 논란이 끊이지 않았음은 주지의 사실이다. 그런데 이러한 마찰이 해를 거듭하여도 해결될 기미가 보이기는커녕, 21세기에 접어들도록 오히려 심화되고 있음은 실로 안타까운 일이 아닐 수 없다.

이에 온배수를 연구하는 전문가들을 중심으로 온배수 문제를 공개적으로 논의하고 과학적으로 해석하여 합리적인 해결책을 모색하는 연구의 장이 마련되어야 한다는데 공감대를 형성하였다. 특히 이와 같은 필요성은 2002년 4월과 6월에 개최된 원전 온배수 문제 관련 공청회에서도 많은 분들이 동감해 주었다.

이에 같은 해 6월부터 충북대학교 김영환 교수가 창립준비위원장을 맡고 창립준비위원 16명을 중심으로 온배수연구회의 발족을 본격적으로 추진하였다. 7월 중순에 전국의 관련 전문가에게 온배수연구회의 설립 배경을 설명하고 창립발기인으로 참여 의뢰하는 편지를 발송한 결과, 8월말까지 모두 65명이 발기인으로 참여하였다.

한편 7월부터 9월까지 여러 차례에 걸쳐 창립준비위원들이 모임을 갖고 조직과 회칙의 안을 마련하는 등 협의하고, 9월 27일에 부경대학교에서 창립총회를 개최하였다.

2. 창립발기문

삼면이 바다로 둘러싸인 우리나라는 세계에서 그 유례를 찾기 어려울 정도로 다양한 해양생물을 이용하여 왔으며, 바다는 오랜 역사를 두고 수산업에 종사하는 많은 주민들의 삶의 터전이자 주된 생계의 수단이 되어 왔다. 그런데 이토록 소중한 자원을 생산하는 우리나라 바닷가에 화력발전소와 원자력발전소가 세워지면서 이들로부터 배출되는 온배수가 우리의 관심을 끌고 있다.

기온의 일변화가 심한 육상의 경우와는 달리 바다는 온도에 관한 한 비교적 안정된 조건을 유지하고 있다. 이렇게 안정된 온도 환경이 발전소에서 배출되는 온배수의 열에너지로 말미암아 급격하게 변모되면 생물은 혼란을 겪을 수 있고, 자칫 주변 해양생태계의 미묘한 균형이 깨질 수 있다.

그간 연안에 건설되어 가동되는 대용량 화력발전소나 원자력발전소에서 배출되는 온배수와 관련하여 인근 주민들의 작고 큰 집단 행동이나 피해 보상 소송 등 각종 마찰이 지루하게 반복되었음은 주지의 사실이다. 나아가서 이러한 파문은 후속기 건설 사업 추진에도 큰 걸림돌이 되고 있다고 하여도 지나친 표현이 아닐 것이다.

따라서 환경과 자원을 보전하면서 안정적으로 전력을 공급하기 위하여 발전소에서 배출되는 온배수 문제에 대하여 새로운 접근 방안을 모색함이 필요하다는데 이 분야에 종사하는 전문가들의 의견이 모아졌다. 그 가운데 무엇보다도 온배수 문제를 투명하고 공개적으로 논의하는 연구 모임을 만들고 이를 통하여 온배수 문제를 과학적으로 해석하고 합리적인 해결책을 강구하여야 한다는 의견이 최근 각계 각층에서 제시되었다.

이와 같은 시대의 요청에 부응하고자 온배수 문제를 전문적으로 다루는 온배수연구회를 만들고자 한다. 온배수연구회는 첫째로 해양생태계의 다양한 측면에 걸쳐 온배수가 미치는 영향에 관한 연구 결과를 공개적으로 발표하고 토의하는 장이 될 것이고, 둘째로 온배수 영향의 저감 방안과 온배수의 효율적 이용 방안에 대한 다각적인 연구 활동을 전개하게 될 것이다. 이를 바탕으로 온배수연구회는 온배수 문제의 갈등을 해소하면서 안정적인 전력공급과 환경보전을 추구하는데 이바지할 수 있는 바람직한 대안을 마련하여 제시하는 학술적인 창구 역할을 담당하게 될 것이며, 나아가서는 향후 열생태학

(thermal ecology) 분야의 전문 학회로 발돋움하는 디딤돌이 될 것이다.

많은 사람들이 21세기를 '환경의 세기'라고 부르는데 주저하지 않는다. 두말할 나위 없이 우리나라가 세계 중심에 선 일류 국가가 되려면 그 무엇보다도 우선 환경모범국가가 되어야 한다. 온배수 문제야말로 21세기에 우리 모두가 진지하게 논의하고 지혜를 모아 풀어야 할 국가적 환경 문제임에 틀림없으며, 바로 이 온배수연구회가 문제 해결의 중요한 역할을 하게 될 것으로 기대한다.

3. 회칙

제 1 장 총 칙

제1조 (명칭) 본 회는 온배수연구회(Thermal Effluents Research Association, 약칭 : TERA)라 한다.

제2조 (목적) 본 회는 온배수의 영향, 저감 방안 및 효율적 이용과 관련한 학술정보 교환을 도모함으로써 환경과 자원을 보전하고 온배수의 올바른 이해를 증진하는데 목적이 있다.

제3조 (사업) 본 회는 제2조의 목적을 달성하기 위하여 다음과 같은 사업을 한다.
　1. 온배수의 과학적 연구에 관한 학술발표회, workshop, 강연회 등의 개최

2. 온배수의 과학적 연구결과 출판을 위한 회지 및 기타 관련도서의 간행과 배포
3. 온배수의 저감방안과 효율적 이용에 대한 의견 제시 및 홍보활동
4. 온배수와 관련된 학술적 조사 연구와 기술 개발
5. 온배수와 관련한 각종 자료의 수집 및 관리
6. 기타 본 회의 목적을 달성하는데 필요한 사업

제4조 (사무소) 본 회의 사무소는 회장이 적당하다고 인정하는 곳에 둔다.

제 2 장 회 원

제5조 (회원의 종류 및 자격) 본 회 회원의 종류와 자격은 다음과 같다.
1. 정회원 : 본 회의 취지에 찬동하고 온배수와 관련되는 연구나 학술활동을 수행하는 인사
2. 준회원 : 본 회의 취지에 찬동하고 온배수 관련 업무에 종사하는 인사
3. 명예회원 : 온배수 연구활동에 공헌이 큰 인사로서 회장의 추천과 이사회의 승인을 거쳐 추대된 인사
4. 단체회원 : 본 회의 목적에 찬동하는 단체

제6조 (입회) 본 회에 가입을 원하는 자는 소정의 입회원서를 제출하고 이사회의 승인을 얻어야 한다.

제7조 (회원의 권리와 의무) 본 회의 회원은 다음과 같은 권리와 의무를 갖는다.
1. 정회원은 의결권과 임원의 선거권 및 피선거권을 갖는다.
2. 회원은 본 회가 개최하는 각종 학술집회에 참여할 수 있고, 회지 등 간행물에 투고할 수 있다.
3. 회원은 회칙 및 제 의결사항을 준수하고 회비를 납부하여야 한다.

제8조 (회원의 탈퇴 및 제명) 본 회에서 탈퇴를 원하는 자와 회의 명예와 운영에 지장을 초래한 자, 그리고 특별한 사유 없이 2년 이상 회비를 체납한 자는 이사회의 의결을 거쳐 제명할 수 있다.

제 3 장 임 원

제9조 (임원의 종류) 본 회는 다음의 임원을 둔다.
회장 1명, 부회장 2명, 이사 30명 이내, 총무이사 1명, 재무이사 1명, 편집이사 1명, 감사 2명, 각 위원장. 단, 필요에 따라 약간 명의 고문을 둘 수 있다.

제10조 (임원의 임기) ① 임원의 임기는 2년으로 한다. ② 회장, 부회장 및 감사의 임기 중 결원이 생긴 때에는 2개월 이내에 이사회에서 보선하고, 보선에 의해 취임한 임원의 임기는 전임자의 잔여 임기로 한다. ③ 다만 고문의 임기는 본 조항에 구애받지 않는다.

제11조 (임원의 선출) ① 회장, 부회장, 감사는 이사회에서 후보를 추천하여 총회에서 선출하고, 이사는 총회의 위임을 받아 회장단의 추천에 의하여 선임된다. ② 총무이사, 재무이사, 편집이사 및 각 위원장은 회장이 위촉한다. ③ 고문은 회장단의 추천에 의하여 총회에서 추대된다.

제12조 (임원의 직무) 임원의 직무는 다음과 같다.
 1. 회장은 본 회를 대표하고 회무를 총괄한다.
 2. 부회장은 회장을 보좌하고 회장 유고시에 회장의 직무를 대행한다.
 3. 이사는 이사회에 출석하여 본 회 업무에 관한 사항을 의결한다.
 4. 총무이사는 본 회의 일반사무를 관장한다.
 5. 재무이사는 본 회의 회계사무를 관장한다.
 6. 편집이사는 본 회에서 발행하는 간행물에 관한 사무를 관장하며, 편집위원회의 위원장이 된다.
 7. 감사는 본회의 회계를 감사한다.

제 4 장 기 구

제13조 (기구) 본 회에는 다음의 기구를 둔다.
 1. 총회
 2. 이사회
 3. 전문 소위원회
 4. 편집위원회
 5. 기타

제14조 (총회) 총회는 다음과 같이 구성하고 소집한다.
  1. 총회의 구성은 정회원 1/5 이상의 출석으로 성립한다.
  2. 정기총회는 2년에 한번씩 정기 학술대회시에 회장이 소집하고 회장이 의장이 된다. 단, 이사회 및 정회원 1/5 이상의 요청에 따라 임시총회를 개최할 수 있다.

제15조 (총회의 기능) 총회는 다음 사항을 의결한다.
  1. 임원의 선출
  2. 회칙의 제정과 개정
  3. 예산 및 결산의 승인
  4. 사업보고와 사업계획안 승인
  5. 기타 중요한 사항

제16조 (이사회) 이사회는 다음과 같이 구성하고 소집한다.
  1. 이사회는 회장, 부회장, 이사로 구성하며, 본 회의 최고 집행기구이다.
  2. 이사회는 회장의 요청이나 이사 1/3 이상의 요청에 의하여 소집된다.
  3. 이사회는 이사 1/3 이상의 출석으로 성립되며 출석인원 과반수 찬성으로 의결한다. 단 서면위임자는 출석으로 간주하고, 형편에 따라 이사회의 결의는 서면으로 대행할 수 있다.

제17조 (이사회의 기능) 이사회는 다음의 사항을 심의하여 총회에 상정하고, 총회에서 위임된 사항을 의결, 집행한다.
  1. 회칙

2. 사업과 운영
3. 예산과 결산
4. 기타 중요한 사항

제18조 (전문 소위원회) 본 회는 연구 분야에 따라 전문 소위원회를 구성할 수 있다.

제19조 (편집위원회) 본 회 회지와 기타 부정기 간행물의 발간을 위하여 편집위원장이 편집위원회를 구성한다. 편집위원회의 운영 세칙은 따로 정한다.

제20조 (기타 기구) 특별사업위원회 등 기타 기구의 구성이 필요할 때에는 이사회의 의결을 거쳐 구성할 수 있다.

제 5 장 재 정

제21조 (재정) 본 회의 재정은 회원이 납부한 회비, 찬조금, 사업 수익금, 기타 수입으로 하며, 연회비는 총회에서 결정한다.

제22조 (회계연도) 본 회의 회계연도는 매년 1월 1일부터 당해년 12월 31일까지로 한다.

제 6 장 부 칙

제23조 (창립준비위원회) 창립 총회 이전까지의 제반 사항은

창립준비위원회에서 결정한다.

제24조 (시행일) 본 회칙은 창립총회(2002년 9월 27일)부터 시행한다. 단 초대 임원단의 임기는 2004년 12월 31일까지로 한다.

4. 연구분야

가. 해양물리
 1) 해양물리학적 특성
 2) 온배수 확산역 모델링

나. 해양화학 및 지질
 1) 해양 수질
 2) 해양 퇴적물

다. 해양생물
 1) 식물플랑크톤
 2) 동물플랑크톤
 3) 해조류
 4) 저서동물
 5) 어류
 6) 기타 생물

라. 온배수 영향 저감 및 이용 방안

마. 온배수 정책

5. 임원 명단 (2002-2004년)

고문   이인규(서울대학교 명예교수), 진 평(부경대학교)
회장   손철현(부경대학교)
부회장   이순길(한국해양연구원), 김영환(충북대학교)
총무이사 김형근(강릉대학교)
재무이사 김세화(용인대학교)
편집이사 허성회(부경대학교)
감 사   강용균(부경대학교), 이태원(충남대학교)
이 사   강용균, 강용주, 김대철, 김세화, 김영환, 김형근, 류정곤, 문창호, 박철원, 손철현, 양성렬, 양재삼, 엄희문, 유광우, 유신재, 윤성규, 이문옥, 이순길, 이재철, 이재학, 이태원, 이필용, 정의영, 정회수, 조기창, 최광식, 최선봉, 최중기, 허성회 (계 29명)

6. 안내 및 가입 문의

　　온배수연구회에 관하여 궁금한 점이 있거나 가입을 희망하는 분들은 온배수연구회 총무이사인 김형근 교수에게 문의하면 된다.

주소 210-702 강원도 강릉시 지변동 강릉대학교 해양생명공
　　 학부 김형근 교수
전화 033-640-2344, 팩스 033-647-9535
전자우편 kimhg@knusun.kangnung.ac.kr

찾아보기

⟨ㄱ⟩

가두리식 99
가스 26, 29~33
가스화력 29, 32
가와사키시 86
간접냉각방식 91
갈조류 103
갈치젓 62
개서실 43
갯녹음 57, 103, 104
갯병 45
건식 냉각탑 93
건조무게 44
경유 29
경제성장률 23
고등어 57
고리 원자력발전소 13, 18, 24,
　43, 44, 63, 71, 74, 75, 80,
　81, 87, 101, 117
과기처 고시 71, 78
과학기술부 16, 65, 112, 113
관류냉각방식(貫流冷却方式)
　60, 75, 89~91, 94, 95

광기전력 효과 34
광온성(廣溫性) 39
광합성 40, 42, 50
교토 메카니즘 30
교토의정서 30
국내탄 29
국내탄 화력 29
국립수산과학원 55~57
국제방사선방호위원회 15
국책사업 19, 20
굴 67
그래블린 원자력발전소 68
그물코(網目) 82
급이시설(給餌施設) 102
기계적 압박 41
기력발전(汽力發電) 29
기저부하 27
기전력(起電力) 34
기포병(氣泡病) 49
기후변화협약 30
김 17, 44, 62, 63, 90
까나리액젓 62
꼴뚜기젓 62

꽁치　57

〈ㄴ〉

난류(亂流)　96
난류(暖流)　103
난류성 어종　57
남해　55, 56, 103
내성(耐性)　38, 39, 43, 46
냉각계통　41, 42, 46, 60, 61, 89, 90, 97, 108, 119
냉각못　91~92, 94, 108
냉각수　14, 41, 59~61, 63, 89~90, 92~93, 95~96
냉각수로　91, 94, 108
냉각운하　91
냉각탑　91~95, 108
냉각핀　93
넙치　69
넙치재배어업진흥시설　69, 70
네덜란드　86
노사정위원회　111, 112
농어　68, 70

〈ㄷ〉

다공 확산기　96, 109
다수기　41, 63, 75
다시마　44, 62, 101, 103
대량증식　80

대류　60
대만　86
대번식　80
대사작용　37, 47
대증식　81
대체 에너지　26, 32~35, 77, 117
대체 에너지 개발 및 이용보급 촉진법　33
대체 에너지 기술개발 촉진법　33
대하　70
대형무척추동물　46
덴마크　33
도미　68
도피반응　48
독립영양생물(獨立營養生物)　40, 50
독일　67
돌돔　70
동경시　86
동물플랑크톤　40, 42, 50, 80~82, 108
동해　18, 55~57, 80, 81, 87, 103

〈ㄹ〉

리우환경회의　30

〈ㅁ〉

마찰 41
만기산 미역 101
먹이그물 50, 51
먹이사슬 50, 51
먹이생물 40, 42
메기 67
메탄 54
멸치 57
멸치젓 62
모델링 108, 110
목재 건조 68
무연탄 29
무척추동물 66, 67, 99
물때 94
미국 14, 33, 55, 56, 67, 85, 87, 90, 93, 94
미역 44, 45, 63, 90, 101

〈ㅂ〉

바다가재 67
바다숲 103
바이오 에너지 33
발아기(發芽期) 45
방류제 18
방사능 16~18, 25, 65, 113, 118
방사능 방재훈련 16

방사선 14~17, 65, 78, 117
방사선 재해대책 15
방수로 44
방열기(放熱器) 93
방출구 64, 86
배수구 41, 43~45, 64, 80, 88, 97, 100, 109
배출구 64, 87, 88, 96, 97
배출권거래제 30
배출기준 64, 84~88, 119
배출수 16, 64, 85
백화현상 57, 103
뱀장어 67
벨기에 86
변온동물(變溫動物) 47, 67
보령 화력발전소 69
보조통풍 냉각탑 93, 94
복사 60
복수기 41, 58, 60, 90, 95, 97
부유물질 108
부유성(浮遊性) 40
부유식물 40
부화 38
분기훈련 16
분무 노즐 92
분무못 92
분사식 확산기 96, 109
빛 에너지 40, 43, 50

〈ㅅ〉

사막화 현상 102
사망률 41, 42, 46
산란 38
산성비 29, 31
산업자원부 16, 65, 72, 78, 79, 106, 110
산업자원부 고시 16, 65, 72, 78, 79, 110
상수도 급수량 59
상승작용(相乘作用) 58, 118
상승효과 76
상한 온도(上限溫度) 38~40, 48
새우 67
새우젓 62
생물량 20, 44
생산력 40
생장 적온 44
생장기(生長期) 45
생존율 47
생태계 20, 37, 50~52, 53, 82, 85, 95, 98, 118
생태체험관광 105
생화학적 반응 47
서해 80, 87
석유 13, 14, 25, 26, 29, 31, 33, 117

석유파동 13, 26
석유화력 29, 32
석탄 13, 25, 26, 29, 31, 33, 117
석탄액화 33
석탄화력 29, 32
성체 38
성층권 29
소수력(小水力) 27, 33
소수력(小水力) 발전 35
송어 39, 67
수괴(水槐) 97
수력발전(水力發電) 27
수산종묘연구소 69
수생동물 40, 42
수소에너지 33
수소이온농도 108
수질환경보전법 16, 64, 85
쉬농 원자력발전소 68
스웨덴 86
습식 냉각탑 93
시설하우스 68, 99
식물플랑크톤 40~43, 50, 51, 80, 108
신고리 원전 25, 75
신월성 원전 25, 75
신진대사 47
심층 배수(深層排水) 87, 96, 97

심층수(深層水) 96
쌍곡 건식탑 93

〈ㅇ〉

아스파라거스 재배 68
안정성 51, 61, 76, 91, 95, 106, 118, 119
압박 39, 41, 46
애기우뭇가사리 44
야광충 81
양수발전(揚水發電) 27, 28
양식장 17, 62~64, 68~71, 89, 98~100, 109
양식종 44
양양 양수발전소 28
어기(漁期) 57
어도(魚道) 28
어류 39, 43, 47~49, 62, 66~70, 90, 99, 108
어리굴젓 62
어미줄 100
어업손실 83
어업피해 84
어장 18, 62, 63, 89, 102
어패류 64, 69, 108, 109
에너지 소비량 23
연근해 57, 62, 89
연료전지 33

연못 91, 92
연안 방류 99
연행(連行) 41, 46, 108
열 교환기 60, 90
열 생태학 115
열 수지 29, 54
열 에너지 20, 40, 52, 61, 66, 68, 71, 76, 89, 98, 104
열적 압박 41
열충격 49
열효율 14, 58
염소처리 41, 47
염화불화탄소 54
엽체(葉體) 45
영광 원자력발전소 13, 17~19, 44, 58, 59, 69~71, 80, 81, 83, 87, 109, 117
영국 93, 94
영양염류 108
예천 양수발전소 28
오손(汚損) 부착생물 군집 46
오손생물(汚損生物) 41
오존층 29, 30
오징어 57
오징어젓 62
온난화 20, 54, 55, 57
온배수연구회 113~115
온배수위원회 111~113, 119
온실 54, 66, 109

온실 가스　30, 32, 54
온실 효과　29, 54
외래 해양생물　57
용존가스　49
용존산소　108
용해도　49
우라늄　14
우점종　43
운하　91
울진 원자력발전소　13, 18, 25, 57, 75, 80, 81, 87
원격 탐사　107
원자력법　16, 65, 71, 78, 112
원자력안전위원회　112, 113
원주화종(原主火從)　24
월동(越冬)　67, 99
월성 원자력발전소　13, 18, 69～71, 80, 81, 87, 109
윈·윈 전략　98
유동화 연료　33
유령멍게　57
유생기(幼生期)　38
유속　107
유연탄　29
유용 해조류　62
유향　107
육상 수조식　99
이산화탄소　14, 29～32, 54, 55
이탈리아　86

인공어초(人工魚礁)　102
일본　33, 62, 67～71, 86, 103, 106
일차생산자(一次生産者)　40, 43, 50
일회냉각방식　60, 90
잉어　39, 67

〈ㅈ〉

자연산 미역　101
자연통풍 냉각탑　93, 94
자연통풍식 쌍곡 냉각탑　93
자외선　29
작은구슬산호말　43
잔류염소　108
재배어업센터　69
재순환냉각방식　91～95
저류 유역(貯留流域)　91
저서동물(底棲動物)　46, 50, 108
저서성(底棲性)　40
저수온기　67, 99
저온성 생물　63, 90
적조(赤潮)　81
전기사업법　65, 72, 78
전도　60, 96
전력연구원　71～74, 105, 111
전력중앙연구소　106

전복 69, 70
전체훈련 16
젓갈 62, 89
조간대(潮間帶) 43, 46
조개 69
조기산 미역 101
조기젓 62
조력(潮力) 발전 35
조석(潮汐) 35, 43, 80, 107
조하대(潮下帶) 43, 46
종묘 69
종속영양생물(從屬營養生物) 50
종조성 44, 82, 108
종패 62, 101
주위수 64, 85, 87
중국 103
중유 29
증진냉각방식 91
지구온난화 14, 20, 25, 29, 35, 53~55, 57, 59, 76, 118
지방분권 20
지중 가온 66
지표생물(指標生物) 43, 46
직접냉각방식 60, 90
진두발 43
질소 49
질소산화물 29, 31, 54
집수못 92, 93

〈ㅊ〉

참도박 43
천연가스 26
천해양식어업 44
첨두부하 28
청송 양수발전소 28
청정개발체제 30
최대 허용상승 87
최대로 지속 가능한 생산 101
최성기(最盛期) 45
최적 생육 온도 40, 42
최적 생장 39
최적 생장 조건 40, 45
최적 조건 38
최종 소비자 47
충격 41, 42, 49
취수구 41, 46, 57, 61, 64, 86, 88, 108
치사 38, 39
치사온도 46
치어 70, 71, 101

〈ㅋ〉

쿠로시오 해류 103

〈ㅌ〉

탈석유전원 정책 13, 24, 26

태양광 발전 34
태양 복사 52
태양 에너지 33, 34, 53
태양열 에너지 26
태양 전지 34
테마 파크 104, 105
토마토 재배 68
톳 44
퇴적물 108

〈ㅍ〉

파랑 에너지 35
파력(波力) 발전 35
패류 99
폐쇄냉각방식 91
폐열(廢熱) 48, 91
폴란드 86
표층 배수(表層排水) 96, 97
표층수(表層水) 52
푸젠성 103
풍력 33
풍력(風力) 발전 26, 35
프랑스 33, 68, 70, 71, 86
프레온 가스 54
플랑크톤 80, 81
플랑크톤 네트 82
피해 조사 17, 74, 75, 78, 82~84, 119

〈ㅎ〉

하이포아염소산나트륨 41
하이포아염소산염 41
하한 온도(下限溫度) 38, 45, 48
한국수력원자력주식회사 72, 73, 78, 79, 83
한국전력공사 71~74, 105, 111
한국환경정책평가연구원 106
합동훈련 16
항온동물(恒溫動物) 47
해수 유동 107
해양대기청 55, 56
해양목장 101, 102, 104, 109
해양생물 15, 20, 37~39, 50, 52, 57, 61~64, 66, 73, 79, 82, 84, 87, 89, 98, 108, 114, 115, 118
해양생태계 17, 20, 37, 47, 50~52, 61, 66, 75~77, 82, 91, 95, 106, 118, 119
해양생태 공원 104, 105, 109
해양수산부 16, 28, 65, 83, 84
해양수질 108
해양 에너지 33
해양온난화 57
해양환경 조사 16, 71~74, 77~82, 107, 109~110, 119

해조류(海藻類) 42~46, 50, 61~64, 89, 99, 100, 108
해조숲 103, 104
해파리 57
헤모글로빈 48
현존량 42, 81, 82, 108
협온성(狹溫性) 39
혼합영역 85
화난(華南) 지구 103
화력발전 14, 23, 28~32, 46, 59, 61, 66, 85, 89, 93, 100, 104, 111
화석 연료 14, 25, 29, 31, 35, 117
화학적 산소요구량 108
화학적 압박 41
화훼 원예 68
확산 모델 88
환경 마인드 120
환경·교통·재해 등에 관한 영향평가법 65, 72, 78
환경관리위원회 65
환경방사능 17
환경보호청 87
환경부 16, 64, 65, 85, 106
환경영향평가법 72, 78
환경조사 지침 16, 65, 71~74, 78~82
황산화물 29, 31

황석어젓 62
황해 55
회유성 어종 57
효소(酵素) 38, 47
후속기 63, 75, 85, 88, 108, 118
후쿠시마(福島) 원자력발전소 68~70
흰따개비 57

〈A〉

acid rain 29
assisted draft tower 93
autotroph 40

〈B〉

Biscayne 91
bituminous coal 29

〈C〉

CFCs 54
Chernobyl 14
Chinon 68
chlorination 41
Chondria crassicaulis 43
Chondrus ocellatus 43
closed cooling-water system

91
collecting pond 93
conduction 60, 96
convection 60
cooling channel 91
cooling pond 91
cooling tower 92
Corallina pilulifera 43

〈D〉

diesel oil 29
direct cooling system 60, 90
dominant species 43
dry cooling tower 93

〈E〉

EDF 68
enhanced cooling-water
  system 91
entrainment 41, 108
EPA 87
eurythermal 39

〈F〉

food chain 50
food web 50
fossil fuel 25

fouling organism 41
Fujian 103

〈G〉

gas bubble disease 49
Gelidium divaricatum 44
global warming 20
Gravelines 68
greenhouse effect 54
greenhouse gas 54

〈H〉

heavy oil 29
hyperbolic dry tower 93
hypochlorite 41

〈I〉

ICRP 15
indicator organism 43
indirect cooling-water system
  91
intertidal zone 43

〈J〉

jet diffuser 96

⟨K⟩

Kuroshio   103
Kyoto Mechanism   30

⟨L⟩

Laminaria japonica   103
LNG   29

⟨M⟩

maximum acceptable increase   87
maximum sustainable yield   101
mesh   82
mortality   41
multiport diffuser   96

⟨N⟩

natural draft hyperbolic cooling tower   93
natural draft tower   93
NOAA   55, 56
Noctiluca scintilans   81

⟨O⟩

once-through cooling system   60, 90

⟨P⟩

Pachymeniopsis elliptica   43
photovoltaic power generation system   34
phytoplankton   40
plankton net   82
primary producer   40
productivity   40

⟨R⟩

radiation   60
radiator   93
recirculating cooling-water system   91
remote sensing   107
retention basin   91
Rugeley   93

⟨S⟩

scale   94
soil warming   66
spray pond   92

stability 51
steam generation 29
stenothermal 39
stress 41
subtidal zone 43
synergism 58

⟨T⟩

thermal discharges 14
thermal ecology 115
thermal effluents 14
thermal generation 28
thermal shock 49
Three Mile Island 14
tolerance 38
Turkey Point 91

⟨W⟩

wet cooling tower 93

원자력 발전과 온배수

찍은날 2003년 4월 15일
펴낸날 2003년 4월 25일

지은이 김영환
펴낸이 손영일

펴낸곳 전파과학사
출판 등록 1956. 7. 23(제10-89호)
120-112 서울 서대문구 연희2동 92-18
전화 02-333-8877 · 8855
팩시밀리 02-334-8092

ISBN 89-7044-233-2 03400

Website www.S-wave.co.kr
E-mail S-wave@S-wave.co.kr